度小夕系列

關於度小月．．．．．．．．．．．．．．．．．

　　在台灣古早時期，中南部下港地區的漁民，每逢黑潮退去，漁獲量不佳收入艱困時，爲維持生計，便暫時在自家的屋簷下，賣起擔仔麵及其他簡單的小吃，設法自立救濟度過淡季。

　　此後，這種謀生的方式，便廣爲流傳稱之爲『度小月』。

小吃拼圖
FOOD PUZZLE

路邊攤賺大money3

大money3

【致富篇】

目　錄【致富篇】
Contents

推 | 薦 | 序

蔡振南　　音樂節目主持人
　　　　　　廣告代言人
　　　　　　演員
　　　　　　音樂創作人
　　　　　　歌手

　　在我多年的創作、表演生涯中，我接觸過無數的人，但往往是那些辛勤工作、為家人朋友辛苦張羅三餐的人最能觸動我心底的感情，他們是台灣生命力的代表。同樣地，想要感受道地的台灣人情味、享受台灣獨有的美味，毫不猶豫地，我會選擇隨處可見的路邊攤。

　　路邊攤可以說是台灣最具代表性的飲食文化，我可以和老闆稱兄道弟、閒話家常。

　　在台灣，雖然面積不大卻發展出許多具地方代表性的知名小吃。例如台北士林夜市的大餅包小餅眾人皆知、台中的珍珠奶茶從台灣紅到國外、台南的擔仔麵和棺材板現在是全省都吃得到的美味、屏東的萬巒豬腳成為當地指標性的美食等。就是因為這些小吃，讓台灣人對自身的美食文化引以為傲，也令品嚐過此地傳統小吃風味的外國友人難以忘懷。

伴隨著我成長的路邊攤小吃，歷經數十年的歲月，美味口感不變，種類也越來越多，在許多異國風味的餐廳進駐台灣後，小吃攤生意仍一枝獨秀，畢竟，這其中蘊含著媽媽的味道，具有家鄉獨特風味的美食永遠是台灣人的首選；而且，便宜又大碗的好料，更是美食小吃無可取代的特色。

（圖片提供／華納國際音樂公司）

Preface

推│薦│序

葉民志　美食節目主持人
　　　　　廣告代言人
　　　　　演員
　　　　　歌手

　　自從主持美食節目後，讓我可以趁著工作之便大飽口福，國內海外吃透透，真是名符其實的「樂在工作」！

　　不過，人家說「月是故鄉圓，水是故鄉甜」，還真的是這樣呢！走遍大街小巷，吃遍海內外，我仍獨鐘台灣道地的小吃，尤其是路邊攤小吃，更是我的最愛。因為對於從小吃路邊攤的我而言，可說是一路看著這個台灣獨特的飲食文化演變的最佳見證人；更可以說，路邊攤中有著我的成長記憶。所以，即使現在身為「名人」，我還是常常逛夜市、吃路邊攤，享受這種最鄉土、也是最親切的生活樂趣。

路邊攤的魅力，不光是它滿足了人們基本的口腹之慾，更重要的，是它在簡便卻不失美味的口味中，結合了中國人講究美食的傳統與攤販獨有輕簡速食的特色。就我自己多年實際採訪的經驗，路邊攤小吃是個看似簡單，但實際上是大有學問的一個行業。

　　在「時機歹歹」的現在，許多失業或轉業的人選擇以小吃做為重新出發的第一步，而大都會文化所出版的度小月系列《路邊攤賺大錢》，可說是把台灣路邊攤小吃秘方公開的獨門秘笈。從此系列的第一本書開始，我就擔任書籍的推薦人。而前兩本書的大賣，讓我也覺得與有榮焉。現在，第三本《路邊攤賺大錢【致富篇】》又將出書，我當然義不容辭地要為這本新上市的暢銷書美言幾句。

　　這次書的內容一樣精彩充實，精選的十家店家是同行中的翹楚。介紹的十一道傳統小吃，像是擔仔麵、割包、藥燉排骨、豬血湯等，光是看到這些名稱就會讓你口水流不停了。除了在書中獨家披露了創業資訊與製作秘方外，更搭配詳細的文字與圖片說明、店家成功的竅門，通通幫你整理得清清楚楚，讓真正想踏入這行的菜鳥可以立刻上手，省掉摸索的功夫。

　　有了這麼好的一本路邊攤小吃創業指導書籍，只要你用心研究、學習，我老鳥向你保證：靠路邊攤賺大錢，絕非難事！

推 薦 序

莊寶華 中華小吃傳授中心班主任

　　利用小吃作為創業或轉業的第一步,是許多人共通的選擇。因為小吃的投資門檻並不高,再加上食物的種類大眾化,讓有興趣進入這行的人躍躍欲試。

　　如今,雖然經濟不景氣,各行各業都遭受波及,但是小吃路邊攤卻是不景氣之中的異數,依舊人潮滿滿,老闆荷包也滿滿。這種坪數不大、店面與裝潢都不甚美觀的路邊攤,以平易近人的價格、不失美味的口感,繼續擄獲台灣人的心。由此可知,小吃業是多麼受到老闆與顧客的青睞了。

　　如果你還在職場上舉棋不定,而不知未來的創業方向何在,我在此誠心建建議你,不妨參考大都會文化所出版發行的「度小月系列」叢書,讓你隨書按步就班地製作出美味的台灣傳統小吃;或者到莊老師的小吃補習班來實務面授,都是不錯的創業實習選擇。希望有志於傳統小吃創業的朋友,都能順利的踏出你們的第一步!

莊寶華 老師

從事小吃美食教學 18 餘年,學生遍及全台及海外,
創下台灣小吃業年收入 720 億的經濟奇蹟。

曾前來採訪的媒體:

電子媒體	名主持人	羅璧玲
	名主播	蔣雅淇(中天)
		支藝樺(民視)
		洪玟琴(TVBS)
		崔慈芬(華視)
		陳明麗(中視)
報紙	民生報、大成報	
雜誌	SMART 理財雜誌、MONEY 雜誌、行政新聞局、台北評論月刊	

邱寶珠 寶島美食傳授中心負責人
張次郎 寶島美食傳授中心金牌老師

　　以前人們都說，「賺吃的」是賺辛苦錢。此話在如今看來仍有道理，只是在辛苦的背後，卻蘊藏著更大的商機與財富。

　　為了讓真正有心以擺攤作為創業或轉業第一步的人能少走許多冤枉路，我誠心推薦大都會文化出版的度小月系列「路邊攤賺大錢」。這本「路邊攤系列【致富篇】」，如同此系列已出版的前兩本，一共公開了十多家的知名小吃店家的開業秘笈與獨門絕活，讓大家能夠有樣學樣地按圖索驥、比照處理，是十分實用且詳盡的美食工具書。

　　經由「路邊攤賺大錢」的詳細說明與秘方大公開，相信許多人對於經營路邊小吃攤會更加有信心與心得。然而「師傅引進門，修行在個人」，如果真有心要擺個小吃攤營生，還是得靠你自己的堅持與努力。希望下一次度小月系列採訪的店家就是你！

邱寶珠老師、張次郎老師
出身總舖師、糕餅世家，專研美食小吃數十餘年，學生遍及海內外、中國大陸。教授美食 10 餘年，有口皆碑、名聞遐邇，曾受訪於各大媒體。

曾前來採訪的媒體
電視：台視、八大電視、華衛電視
報紙：中國時報、聯合報、聯合晚報、自
　　　立晚報、台灣新生報、中央日報
雜誌：獨家報導、美華報導

作 者 序

　　精緻的傳統美食，親切招呼的服務態度，這樣的小吃文化逐漸蔚為風尚，少了大口吃肉、大口飲酒的豪氣，五星級的料理和服務卻昇華了用餐的舒適度，在經濟不景氣的時機中，小吃業在就業市場中看來一枝獨秀也出類拔萃，每個成功的老闆背後卻是花盡了心思來經營，令人稱羨的成就原來得之不易。

　　本書中的許多小吃店家，相信社會大眾都耳熟能詳，平常我們光顧之時，只會拼命的稱讚老闆精心烹飪的食物是那麼超級美味，除此之外，我們可能不曾想得太多，精緻食材的運用和選擇，烹飪技巧的鑽研，甚至是服務態度的講究，伴隨而來的這些營業方式，才令我恍然大悟，而這些老闆們的遠見，也才能令他們的事業數十年來不但屹立不搖，還能因此成為雄霸一方的小吃大人物。

　　誠如這些老闆們的成功經驗，精緻美食的經營和發展讓台灣小吃更上一層樓，也為小吃的時代潮流作了一個正面示範，原來除了每年的美食展之外，平日在大街小巷就能夠品嚐到國際水準的美食，真是幸福！老闆們對於自家的口味有著絕對肯定的自豪，而這種心情最希望獲得知音的回饋，衷心的稱讚，相信是為每個工作人員打氣的最佳方式。

編輯室手記

　　「度小月系列」的《路邊攤賺大錢》已經堂堂邁入第三本。在這三本書籍中，我們一共採訪了三十多間知名小吃店家，請他們一一公開創業秘笈與獨門配方。在此也向所有曾接受訪問的店家致謝與致歉，謝謝你們的支持與合作，亦很抱歉讓你們洩漏了利用經驗、時間與金錢辛苦得來的各項秘方。

　　《路邊攤賺大錢》【搶錢篇】、【奇蹟篇】與這本【致富篇】的出版，相信圓了許多想藉由路邊攤創業者的夢想。我們也常接到許多讀者的信函或來電詢問，諸如下一本書籍何時出版，或是新書的內容將會介紹哪些小吃的作法等，顯示藉由路邊攤創業的觀念，正在許多人的心中逐漸由想法而落實至實際行動。

　　不論景氣何時復甦，擁有一技在身是永不失業的保證。當機會來臨，天時、地利加上一身絕技，這就是許多人成功的契機。對路邊攤而言也是如此，只要讀者肯用心努力，再搭配《路邊攤賺大錢》的介紹與指導，相信一定能成為日進斗金的路邊攤老闆。

　　在不久的將來，「度小月系列」的《路邊攤賺大錢》一書將繼續介紹小吃攤的獨家絕活，並且擴大除美食之外的路邊攤範疇。希望所有有心踏入此行的讀者能在此書鉅細靡遺的導覽下，跨出成功的第一步。

路邊攤小吃店家

度小月擔仔麵

藍家割包

頂級甜不辣

昌吉豬血湯

招牌客家湯圓

陳董藥燉排骨

丹芳仙草

萬香齋台南米糕

昌吉紅燒鰻

黑輪伯米粉湯＆麻辣臭豆腐

度小月擔仔麵

百年超級老字號

全省都知名

台南名氣響

台北吃透透

度小月擔仔麵

INFORMATION

- ◆ 店齡：107 年老味
- ◆ 老闆：薛俊雄先生
- ◆ 年齡：41 歲
- ◆ 創業資本：30 萬元
- ◆ 每月營業額：約 60 萬元
- ◆ 每月淨賺額：約 18 萬元
- ◆ 產品利潤：3 成（老闆保守說，據專家實際評估約 5 成）
- ◆ 營業地點：台北市忠孝東路 4 段 170 巷 5 弄 26 號（明曜百貨後方正對面）
- ◆ 營業時間：11:30a.m.～11:00p.m.
- ◆ 聯絡方式：(02) 2773-1244

美味 紅不讓 ★★★★★	特色 紅不讓 ★★★★★
人氣 紅不讓 ★★★★★	地點 紅不讓 ★★★★★
服務 紅不讓 ★★★★★	名氣 紅不讓 ★★★★★
便宜 紅不讓 ★★★★☆	衛生 紅不讓 ★★★★★

　　就算是問起非台南本地人，「度小月擔仔麵」的名號還是響亮得很。百年歷史傳承的小吃生意，真不曉得還有幾家著名小吃店能夠和台南的「度小月擔仔麵」並駕齊驅?!從前，真要吃到十分道地的台南擔仔麵，肯定要親臨台南地方才有口福，不過自從 2 年多前「度小月擔仔麵」正式進駐大台北城之後，不但造福了台北人，許多原籍台灣其他地區的台北居民，從此可以就近大啖美

食，而且3家分店或許因著老闆的經營理念稍作改良，而各具不同特色，相當有趣喔！

話說從前

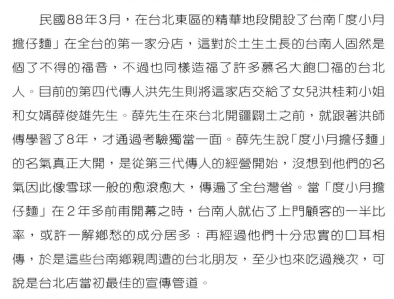

民國88年3月，在台北東區的精華地段開設了台南「度小月擔仔麵」在全台的第一家分店，這對於土生土長的台南人固然是個了不得的福音，不過也同樣造福了許多慕名大飽口福的台北人。目前的第四代傳人洪先生則將這家店交給了女兒洪桂莉小姐和女婿薛俊雄先生。薛先生在來台北開疆闢土之前，就跟著洪師傅學習了8年，才通過考驗獨當一面。薛先生說「度小月擔仔麵」的名氣真正大開，是從第三代傳人的經營開始，沒想到他們的名氣因此像雪球一般的愈滾愈大，傳遍了全台灣省。當「度小月擔仔麵」在2年多前甫開幕之時，台南人就佔了上門顧客的一半比率，或許一解鄉愁的成分居多；再經過他們十分忠實的口耳相傳，於是這些台南鄉親周遭的台北朋友，至少也來吃過幾次，可說是台北店當初最佳的宣傳管道。

不過據說台南人只要回到台南本地，還是會去嚐嚐老店所創始的台南擔仔麵，一方面是懷念從小吃到大的口味（因為台北店的口味還是根據台北人的喜好與習慣做了些許改良），另一方面也是看看已經十分熟悉的洪老闆，比較有親切感。而今年才又在天母的大葉高島屋百貨和天津街，同時開設了另外2家分店，除了以求招徠更多的知音顧客，也希望能夠讓更多的在地台北通有機會就近品嚐百年傳承的老字號口味。

度小月擔仔麵

　　薛先生跟著在台南的岳父洪先生學習了8年的時間，才通過師傅的審核出師，因此亦父亦師的感情，讓原本就相當古意的薛先生深深受到洪先生的教誨，不論在人生觀或是生意經營上都受到相當的影響；薛先生不但相當紮實的學到了洪先生的功夫，也

▲ 店內仿古景所設計的工作台

認真的實踐洪先生所傳授的待客之道與人生經驗，因此薛先生不但不浪費一分一毫的食物或是天然資源，秉持洪家的祖訓；而從薛先生的待客之道上，更可以看出「度小月擔仔麵」能夠傳承百載而不衰的精神所在。

　　據說在台南總店，洪先生總是會試著記得每個客人偏好的口味（而且絕對沒有熟客與稀客的大小眼之分），通常就在每個客人來光顧幾次之後，洪先生就可以十分貼心的送上一碗十分合胃口的擔仔麵，也因此讓客人受寵若驚，有一種相當被重視的美好感覺；而薛先生也將這種待客之道在台北店發揚光大，因此來到「度小月擔仔麵」，不只在喉舌之間感受到一種模仿不來的懷念古早味，和老闆或是工作人員之間的閒話家常，更是一種打從心底

才懂得享受的親切與隨和。甚至因為台北人在吃的習慣上和南部人有相當的差異，薛氏夫妻也刻意做了研究，和台南總店討論，而做了許多令人覺得十分貼心的菜單改良，甚至在口味上也根據客人的意見，做了適當程度的重新調配，就希望大夥兒有空多來捧捧場吧！

開業齊步走

攤位如何命名

　　為因應魚獲季節未來臨前的不景氣而命名「度小月」，當時第一代祖先洪氏芋頭公雖然學會了道地的麵食，並為了營生，挑起兩根竹擔就在台南廟口作起生意，「度小月擔仔麵」便由來於此。由於十分出名，洪家早已註冊商標以保護商品專利：雖本著南部人的溫厚，他們並未刻意檢舉仿冒的店家，不過要請其他商家自重，可別隨意盜用別人的專利權。

地點選擇

　　起初「度小月擔仔麵」要來台北開設第一家分店時，就已經廣徵博引地詢問過眾多親朋好友以及專業人士的意見，鎖定在台北東區和天母一帶的高消費客層：不過薛先生在東區一帶花了不少時間，都找不到十分合適的店面，最後還是因為熟識的親戚提供目前的店面，方能順利開張營業。

租金 ‧‧‧‧‧‧‧‧‧‧

　　因為是由親戚所提供的地點營業，薛先生說這個店面的租金也是象徵性的收費，說不得準：大約僅 15 坪的店面，在這一帶的店租可是相當不便宜，薛先生說至少也要 7、8 萬左右。

▲ 度小月擔仔麵店面景觀

硬體成本 ‧‧‧‧‧‧‧‧‧

　　不論是台南總店或是台北分店，「度小月擔仔麵」經過重新設計裝潢，由洪先生一個喜歡室內設計的小兒子負責規劃；因此所有店面儘管規格不同，卻是風貌一致：最特別的是煮麵食的攤檯，更是仿照早年洪家祖先經營路邊生意的硬體設備來重新訂作，有著相當濃厚的思古情懷。一個燙麵條的生鐵鍋子（還具有比較強的保溫效果），一個保溫高湯的鍋子和一個放置材料的冰箱絕不可少，就連店內的桌椅也是配合裝潢的需要特別訂做，大約花了 30 萬元左右。

人手 ‧‧‧‧‧‧‧‧‧‧

　　台北忠孝店的人手全是台南的親戚上來幫忙，而且一屋子的工作人員都姓薛（看來頗方便客人稱呼），老闆薛先生說這裡的人手領的是一般薪資，不過在這裡的工作量卻是其他行業的 1.5 倍，一點也不輕鬆；倒也可見他們的專業堅持，從材料至清潔到待客事物上的處處留心了。

知名藝人、企業老闆、外國遊客、政治人物，從店內早已經被簽滿的一小塊店面上，便可以知道「度小月擔仔麵」的魅力有多大。而根據薛先生的觀察，現任的經濟部長林信義先生最常光顧；更因許多航空公司的飛機雜誌上也都大肆傳播「度小月擔仔麵」的美名，因此有許多自助旅遊的外國觀光客，也會慕名而來，嚐到美味後才肯罷休。至於附近一帶由於混合許多住家與公司行號，成為台北忠孝店的主要客源，如明曜百貨對面的一家健身中心，就常有許多教練結伴來捧場；甚至許多女性在結伴逛街之後，就會到這裡吃一碗擔仔麵歇息一會。薛先生說「度小月擔仔麵」的客人，從只有幾歲的小朋友，一直到九十幾高齡的老人家，可謂是老少皆宜。

人氣項目 ●●●●●●●●●●●●●●●●●●●●●●●●

　　雖然有擔仔麵、擔仔米粉和滷肉飯3種主食可供選擇，不過還是以赫赫有名的擔仔麵最受顧客歡迎，大約有八至九成的人都會點擔仔麵。不過台南人從前習慣將擔仔麵當成點心來用，以「一口麵配一口湯」的作法對台北人來說相當不習慣，因此洪先生也囑咐台北店將擔仔麵份量加多，務必讓客人一碗就能夠吃到飽，甚且現在連台南店也將份量改得和台北店一樣了。店內還林林總總的推出了好幾種小菜，也是因為台北人喜歡在吃麵之餘配上一盤肝連或是豆干的緣故。像我一個朋友在吃過虱目魚湯之後，讚譽有加，不但虱目魚完全無刺，而且湯頭之鮮美入味，要說令他沒齒難忘絕不為過。

營業狀況 ●●●●●●●●●●●●●●●●●●●●●●●●●●●●●●●●●●

　　只要是正常的用餐時間，這裡肯定是人聲鼎沸，只能容納三十來位的店面，一下子就客滿了，不過就算在非用餐時刻，也常有零星且從不間斷的人潮，可能進來吃一碗擔仔麵填填肚子或是解解渴，生意相當穩定。不過這裡不像大葉高島屋百貨美食街的分店，有一定的人潮作為保障，若是下雨而少了附近的逛街人潮，生意就會受到一點影響；加上捷運曾因颱風的關係而暫時無法通車，也因此讓他們更頓時減少了一些人潮，相當可惜。即使已開店2年多，老闆薛先生對於眼前的營業額還是不甚滿意；因為達到他們當初所預估的目標，而且有些住在附近的居民，甚至都還不曉得這裡開了一家「度小月擔仔麵」的分店，所以薛先生直說還得要再多加把勁衝刺才行呢。

未來計畫 ●●●●●●●●●●●●●●●●●●●●●●●●●●●●●●●●

　　身為開路先鋒，薛先生和太太希望營業額在未來可以更上一層樓，而陸續在台北市開設了2家分店，也積極開發客源，希望能夠早日達成像台南總店一樣風光的營業額。即使只是秉持著單純將生意做好的心態，不過薛先生恪守「度小月擔仔麵」的家訓，希望來店用餐的客人都能夠吃的滿意，賓至如歸。

製·作·方·法

度小月擔仔麵

專家教你這樣做

1. 度小月擔仔麵食材內容：油麵、米粉、香菜、蝦仁、黑醋、蒜泥
2. 度小月擔仔麵祖傳肉燥
3. 以蝦頭熬煮而成的擔仔麵湯底
4. 在熱水中燙熟麵條及豆芽菜，需上下左右不停搖動
5. 憑手感決定麵條熟度後撈起置於碗中
6. 淋上適量肉燥

7. 加入蝦頭湯底
8. 加入適量蝦仁
9. 淋上少許黑醋
10. 淋上少許蒜泥後即可
11. 擔仔麵成品及小菜：滷蛋、滷貢丸

數·字·會·說·話

項　目	數　字	說　說　話
◆ 開業年數	107 年	
◆ 開業資金	約 100 萬元	年代過於久遠，要評估洪氏祖先的創業資金當然不可能；若打算加盟「度小月擔仔麵」，大約需要準備如此數目的創業資金
◆ 月租金	約 8 萬元	以附近的租金來估計
◆ 人手數	約 6 位	
◆ 座位數	約 30 位	
◆ 平均每日來客數	約 200 位	
◆ 平均日營業額	約 20,000 元	約略推估
◆ 每日進貨成本	約 6,000 元	
◆ 平均每日淨利	約 6,000 元～8000 元	約略推估
◆ 平均每月來客數	約 6,000 位	
◆ 營業時間	11:30a.m.~11:00p.m.	
◆ 每月營業天數	約 30 天	
◆ 公休日	無	農曆年休

老闆給菜鳥的話

其實服務品質和食材美味一樣重要，在「度小月擔仔麵」的台北忠孝店，平常若是在營業的尖峰時段，薛先生都會安排 5 至 6 位人手在現場為顧客服務，而且他和店裡面的工作人員都會三不五時的和顧客閒話家常，也因此讓客人覺得分外親切；薛先生認為台北的小吃店老闆通常都比較冷漠，生意做的好，可是臉上卻少有笑容，更遑論與其他顧客打招呼，寒暄幾句了。從南到北，「度小月擔仔麵」完全秉持第四代傳人洪先生的家訓，因此生意才能百年興隆不變。

美味DIY

材料

1. 油麵
2. 豆芽菜
3. 香菜
4. 黑醋（五印醋）
5. 蒜泥
6. 小蝦子
7. 豬肉（後腿瘦肉）
8. 醬油

哪裡買、多少錢 ••••••••••••••••••••••••••

擔仔麵中的豆芽菜，是由溫室專門栽培生產，沒有添加農藥或是漂白劑的顧慮；而增加湯頭特殊風味的五印醋，是南部人相當習慣使用的口味，在迪化街可以買得到。

價錢一覽表 •••••••••••••••••••••••••

項　　目	份　量	價　　錢	備　　　　註
油麵條	1包	90元	
豆芽菜	1斤	10元	
香菜	1斤	約100元	依照季節在價格上有所波動
黑醋	1瓶	50元	
大蒜	1斤	約50元	
小蝦	1箱	1,250元	

製作步驟 ••••••••••••••••••••••••••

1. 前製處理：

   肉燥

   （度小月擔仔麵的老闆保密肉燥作法，此為專家建議方法。）

   (1) 以1斤豬肉為例，需準備的調味料為：醬油半杯、味素和鹽各1茶匙、米酒和糖各1大匙、五香粉1/4茶匙

   (2) 將1兩蒜頭和3大匙紅蔥酥爆香後，加入豬肉拌炒

   (3) 加入1斤高湯

(4) 加入調味料後繼續拌炒

(5) 熬煮約 1 小時即可

高湯

(1) 將蝦頭洗淨後剁碎

(2) 以大火熬煮約 1 個半小時

2. 後製處理：

    (1) 將麵條放入熱水中，上下搖動麵條杓，以大火滾熟

    (2) 麵條快熟時放入豆芽菜，以熱水燙過後置入碗中

    (3) 淋上黑醋及蒜泥調味即可

獨家撇步

    古早味十足的鹹肉燥，經過百年傳承，不油不膩，風味不變。不過「度小月擔仔麵」向來只將珍貴的肉燥製作方法，傳子不傳女，因此平常人不得其門而入，不過「度小月擔仔麵」也特別將獨門好料肉燥製成罐頭，方便一般人食用。

你也可以加盟

    目前「度小月擔仔麵」除了派出家族成員，在審慎的評估之下開起分店，他們也打算開放加盟事業，目前正在擬定一些文書上的相關細節與契約，不過他們希望未來「度小月擔仔麵」能夠朝向精緻小吃的路線發展，讓百年美食成為一種極佳的感官享受；因此有心加盟的人士，可電洽負責人洪秀弘先生（06-2231744），「度小月擔仔麵」會依據地點和加盟人的條件來進

一步評估相關事宜，而在嚴格控制產品流程和服務品質的情形之下，「度小月擔仔麵」除了祖傳的肉燥秘方不教之外，其他的食材處理方式及烹調技巧都會一併傳授，同時他們每星期也會派人去店裏巡視1至2次，等到生意真正穩定之後，就會放手讓加盟主去做了。

美味見證 ●

李先生（業務員）：

　　因為覺得好吃所以常來光顧，每個月大概都會來吃個5、6次；覺得有點鹹度的肉燥不論是下飯或是配著油麵吃都相當美味。

美味 DIY 小心得

MEMO

藍家割包

祖先的智慧

後人的傳承

藍家的私藏

大眾的讚賞

藍家割包

INFORMATION

- ◆ 店齡：11年美味
- ◆ 老闆：藍鳳榮先生
- ◆ 年齡：43歲
- ◆ 創業資本：1萬元
- ◆ 每月營業額：約60萬元
  - ◆ 每月淨賺額：約24萬元
  - ◆ 產品利潤：4成（老闆保守說，據專家實際評估約5至6成）
  - ◆ 營業地點：台北市羅斯福路3段316巷8弄3號（台大校門口）
  - ◆ 營業時間：11:00a.m.～12:00a.m.（隔日）
  - ◆ 聯絡方式：（02）2368-2060

新生南路三段
■台大
羅斯福路三段
316巷
藍家割包
8弄

美味 紅不讓 ✪✪✪✪✪	特色 紅不讓 ✪✪✪✪✪
人氣 紅不讓 ✪✪✪✪✪	地點 紅不讓 ✪✪✪✪✪
服務 紅不讓 ✪✪✪✪✪	名氣 紅不讓 ✪✪✪✪✪
便宜 紅不讓 ✪✪✪✪	衛生 紅不讓 ✪✪✪✪✪

　　中國人的節慶特別多，而為了應景所準備的節慶食物也是超多種花樣，我記得小時候每每在一年一度的節慶時享受媽媽自己準備的粽子、湯圓、潤餅、割包之類的食物時，都覺得相當新鮮興奮；而隨著時代進步所講究的便利性，人人都可以隨時隨地吃到這些原本彌足珍貴的應景食品，而且樣樣美味的不得了，台灣真是個有福氣的國家啊！

藍家割包

　　藍先生的成功可說是上班族轉業的最佳實例。原本從事業務方面的工作，藍先生當時在面臨職場跑道轉換之際，想到藍媽媽的割包向來令家中來往的親戚朋友讚不絕口，他於是在評估了種種可行性之後，便著手打拼全新的事業藍圖。起初藍先生去試吃了另一家連鎖店的招牌割包之後，當下覺得信心滿滿，認為藍家的祖傳割包絕對不會輸給他們，再加上親戚適時伸出援手，提供做生意的地點，於是藍先生便和母親兩人分工合作，每天由母親在家中滷好肉、準備材料，再由藍先生推著攤車做生意。

　　起初當然經過了一段消費者觀察的試煉期，而且藍先生自己則從一個穩穩當當、光鮮亮眼的上班族，一下子改頭換面，就連周遭的朋友也都不太能適應；再加上創業維艱，從頭開始的藍先生，什麼事都自己來，從包裝、買單等瑣碎工作，漸漸的建立起自己的事業，當時有些客人甚至在他還沒出攤之時就在旁邊等著藍先生收拾做生意，最令他難忘。爾後由於親戚的店面正好空出來，於是藍先生便就地承租下來，有了自己的店面，再增加所需要的固定人手，於是藍家割包的名聲由這裡頻繁往來的小吃人口之中一傳十、十傳百，至今頗有相當的名氣；而且以一人之力和連鎖割包專賣店分庭抗禮，成就了事業的第二春。現在看起來相當有自信的藍先生，倒是一派的悠遊自在，就算是現在讓他重回一般職場，他也照樣能夠應付自如呢！

心路歷程

　　畢竟從事過業務工作，人多識廣的歷練一多，藍先生也相當有一套自己的經營理念，當時藍先生決定進入小吃業的領域，就決定要在割包小吃上成為數一數二的佼佼者，因此他始終堅持最好的食材品質。在剛開始作生意之際，他幾乎是以半優惠的價格來銷售割包，本來一個單價35元的割包，一直到5年前才漲價到40元一個；而藍先生的割包除了以入口即化的滷肉做為招牌，一共有5種選擇的菜單也是特色，原本藍家割包同樣以瘦肉、肥肉和綜合3種口味供應顧客要求，碰巧有一回一個台大女學生來消費時，點了一個綜合口味，但希望藍先生多放一些瘦肉，這於是給了藍先生一個idea，因此就額外加進了2種口味：綜合偏瘦和綜合偏肥，提供顧客更加精細與健康的選擇。

▲ 老闆及工作人員工作中情形

　　此外，藍先生對於員工服務和清潔方面，給予將心比心的要求，外表儀容以身作則，清潔環境同樣也是詢問員工的意見，務必做到自己滿意，客人也滿意的原則。不過藍先生也希望來這裡用餐的每一位客人，同樣都能拿出相當的素質，不隨意刁難員工或是老闆，或是挑剔他們辛苦所準備的食材；且期盼有水準的服務，他希望是提供給有水準的消費者，而有水準的消費者，也才能夠體會他們有水準的品質。

攤位如何命名

簡簡單單以個人的姓氏來作為招牌名稱,和另一家同性質的連鎖店有著異曲同工之妙,不過也相當方便客人稱呼老闆,當然我想其中也是藍先生個人對於自己割包品質與口味,有著一種絕對的驕傲和肯定吧!

地點選擇

因為藍先生的親戚從前在目前的店面經營自助餐生意,於是便提供店面門口讓他設置攤位。藍先生說這一帶的小吃人口,對於新的攤位雖十分捧場,不過也只給一次的機會,若是口味好,經過快速的口耳相傳,自然迅速的累積生意業績;倘若是普通或是差勁的口味,到了最後還是不會有人光顧,可說是一試往往決定生意好壞的生死。

租金

藍先生自從承租店面以來,房租每年調漲,目前每個月大約付8萬元上下的租金,大約10坪的店面可容納30個客人。儘管在用餐的尖峰時段有時候還是需要等待,不過藍先生認為目前的座位數已經算是極限,他除了不想讓客人摩肩擦踵的在狹小空間用餐,更希望能夠以有限的資源來提供五星級的小吃享受,十分有心。

▲ 藍家割包店面景觀

硬體成本 ‧‧‧‧‧‧‧

除了切肉和切酸菜的機器可視個人需求考慮添購之外，一般的攤車在環河南路的商家購買即可，不過藍先生倒是建議在選購攤車或是其他的硬體設備，最好是根據個人的身高及工作習慣來添購合適的器具，購買現成的生財器具同時又可以降低部分非必要的成本支出。

人手 ‧‧‧‧‧‧‧

由於營業時間相當長，因此藍家割包的工作人員採早晚兩班制，大約的人手共計 10 位左右，目前多是附近的大學生來工讀。由於小吃業打工本來就辛苦，再加上現在顧客所要求的服務品質不亞於其他的服務業，因此藍先生所給予的報酬比起一般餐飲業都要來得合理與高價，相對藍先生對於員工也有基本的禮貌要求，希望客人在此能夠獲得賓至如歸的享受。

客層調查 ●●●●●●●●●●●●●●●●●●●●●●●●●

　　公館一帶的人口可說是相當多樣化，除了附近的學生、教授，上班族和生意人絡繹不絕，從前在暑寒假之時，來用餐的人口卻明顯的銳減，而自從捷運通車所帶來的轉乘與逛街人潮，同樣不計其數，也因此增加了不少生意商機，現在就連許多外國人都因為喜歡酸菜的特殊口味，而不定時的上門消費，這也算是一種傳統文化的發揚吧！而一般來說，愛吃割包的女生又來得比較多，而且還會介紹給周遭的好同學或是好姊妹們，可說是絕佳的免費宣傳管道。

人氣項目 ●●●●●●●●●●●●●●●●●●●●●●●●●

　　含 5 種口味選擇的割包，要以綜合偏瘦的口味最受大家歡迎，藍家割包裡的滷肉，入口即化，相當的爽滑順口；但藍先生個人倒是建議內行人絕對要試試肥肉，其實肥而不膩。此外，同樣也是配料一等一的四神湯，也相當受客人歡迎，往往一口湯一口肉，就是絕佳享受，而且還可以吃得很飽很飽，且四神湯也有三種選擇，愛吃豬腸或是豬肚，要不然點一份綜合湯，相當彈性的選擇式點菜。而藍家割包所供應的四神湯喝起來相當清爽的口感，也是因為藍先生隨時注意湯頭的新鮮，總是注意撈起高湯中的雜質，才能維持不油不膩的爽快口感。

營業狀況

除了一般的用餐時段絕對是人聲鼎沸，其他像是接近傍晚和宵夜時間，往往也都忙得不可開交。等到週休二日多了遠道而來的人潮，則是非得排隊等上一會才行。而到了一年一度的尾牙，遵循傳統的台灣人在當天非得要吃個割包才算是過了這個日子，因此藍家割包通常在當天不但會接獲大量的訂單，而且還得要大排長龍才能買到，營業額比起平常日硬是多了1倍以上。平常藍先生也會注意來店客人對於他們食物的反應，除了在口頭上給予稱讚或建議的客人之外，如果有人將割包吃得乾乾淨淨，就連塑膠袋上都不留一點菜渣，這肯定是對藍家割包一種無形的稱讚，當然也會讓藍先生覺得欣慰十分。

未來計畫

守成不易，藍家割包經歷11年好不容易累積的知名度和成就，藍先生相當珍惜，因此他目前還是先打算好好經營眼前的事業，雖然接下來也有開分店的打算，不過屆時藍先生打算在地點的選擇、材料的供應和口味的調配上，都得有萬全的評估與準備，所以一切都還是慢慢來吧。

製・作・方・法

藍家割包

1. 現成割包放置蒸籠內加熱保溫
2. 材料內容：酸菜、瘦肉、肥肉
3. 首先舀取適量酸菜
4. 再夾取適量瘦肉或是肥肉
5. 將肉類夾放割包夾層內
6. 放上香菜及花生粉後的割包成品

42

數·字·會·說·話

項　　目	數　　字	說　說　話
◆ 開業年數	11 年	
◆ 開業資金	約 1 萬元	當時藍先生的就業基金就這麼多，根據目前的物價指數，或許得要準備至少3萬元的資金來運用比較保險
◆ 月租金	約 8 萬元	每年不定額調漲
◆ 人手數	約 10 位	分早晚兩班制
◆ 座位數	約 30 位	
◆ 平均每日來客數	約 500 人	其他如稅捐處、經發會等公務機關，也經常大量訂購
◆ 平均日營業額	約 20,000 元	夏天生意比較清淡
◆ 每日進貨成本	約 5,000 元	
◆ 平均每日淨利	約 8,000 元	尚未扣除人事及水電等成本支出
◆ 平均每月來客數	約 15,000 人	
◆ 營業時間	11:00a.m.~12:00a.m.(隔日)	
◆ 每月營業天數	約 27 天	
◆ 公休日	每月不定時休 3 天	

老闆給菜鳥的話

▲ 老闆藍鳳榮先生

現代人對於小吃其實相當挑嘴，因此一旦使用固定的材料，千萬不要隨意貪小便宜更換，如此一來會引起客人反感，緊跟著流失客源；而在利潤方面，若是到了一定的限度，最好的方法則是提高價錢，以平衡進貨及其他成本的支出，因此真材實料是經營小吃生意的重點所在。此外，經營熱食生意就得注重隨時維持食物的熱度，像藍家割包所送到客人手上的食品，絕對都試試溫熱程度，這樣的口感也才是最讚的。

美味DIY

材料

1. 割包
2. 豬肉
3. 花生粉
4. 香菜
5. 酸菜
6. 醬油

哪裡買、多少錢 ●●●●●●●●●●●●●●●

　　因為每樣食材都經過藍先生的精挑細選，就連割包也都是他尋求配合的廠商供應，價格比起一般市場供應價都要貴上一倍；而豬肉也是經過CAS認證，確保食用品質無虞；酸菜則是整顆訂購，買回來洗淨切片，相當乾淨衛生；而花生粉和醬油同樣是質地精純的上等貨。肉菜類等食材可直接到環南大型批發市場購買，選擇性也比較多。

價錢一覽表 ●●●●●●●●●●●●●●●●●

項　目	份　量	價　錢
割包	1個	5元

製作步驟 ●●●●●●●●●●●●●●●●●

1.前製處理：

　　(1) 將整顆酸菜洗淨後切碎備用，香菜洗淨備用

　　(2) 豬肉切塊

2.後製處理：

　控肉

　　(1) 以1斤五花肉的份量為例，需準備的調味料為：醬油半杯、味素和鹽各1茶匙、米酒和糖各1大匙

　　(2) 將1兩薑切片後加五花肉爆炒

　　(3) 將1斤水及滷包(在中藥店購買)放入滷製

　　(4) 加入調味料

　　(5) 滷煮至肉以筷子可穿透即可(約需1個半至2個小時)

　　(6) 滷好的肉塊在割包中交叉放置，比較能同時享受肥肉與瘦肉綜合的絕佳口感

獨家撇步　肉要滷得好吃，是割包美味的重點所在。

你也可以加盟

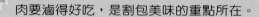

　　目前藍先生由於還沒有做好萬全的準備，因此儘管有人有意加盟，他還是要經過相當的評估之後，來決定緊接著進行拓展分店或是加盟的相關策略。由於加盟事業最忌諱口味改變而壞了招牌，因此真正有興趣想要經營割包生意的人，或許也可以先和藍先生相互切磋小吃經營的技巧與心得，再決定未來的打算。

美味見證 ●●●●●●●●●●●●●●●●●●●●●●●●●●●●●

Mr. Beagoms（英文老師）：

　　來台灣6個月，一開始是我的同事介紹我來這裡用餐，現在我大概平均2個星期至少會來吃1次，最常點的就是綜合割包，裡面的肉非常好吃，入口即化，香得不得了。

美味 DIY 小心得

MEMO

頂級甜不辣

濃厚好滋味

打著燈籠這裡找

熱情暖心房

和著微笑肚裡吞

度小月

頂級甜不辣

INFORMATION

◆ 店齡：9 年美味

◆ 老闆：郭大誠先生

◆ 年齡：36 歲

◆ 創業資本：5 萬元

◆ 每月營業額：約 27 萬元

梧州街　■仁濟醫院　　■龍山寺

　　　　　　　　　西園路

　　　　廣州街

　　頂級甜不辣

◆ 每月淨賺額：約 8 萬元

◆ 產品利潤：3 成（老闆保守說，據專家實際
評估約 5 至 6 成）

◆ 營業地點：台北市萬華區廣州街與梧州街
交叉口（華西街觀光夜市旁）

◆ 營業時間：2:00p.m.～12:00a.m.(隔日)

◆ 聯絡方式：(02) 2302-6022

美味	紅不讓	★★★★☆	特色	紅不讓	★★★★★
人氣	紅不讓	★★★★★	地點	紅不讓	★★★★★
服務	紅不讓	★★★★★	名氣	紅不讓	★★★★★
便宜	紅不讓	★★★★★	衛生	紅不讓	★★★★☆

　　甜不辣可說是台灣版的關東煮，不過日本關東煮講究的是食材的新鮮與湯頭的美味，可是台灣版的甜不辣可是連沾醬都相當講究；至於「頂級甜不辣」的唯一招牌到底有多好？這可是連自己家已經賣了關東煮多年的老闆都心服口服的稱讚，而且還有顧客就將「頂級甜不辣」和「懷念愛玉冰」列為廣州街一帶最佳的2 家小吃店，如果來到這裡就非得捧捧場不可喔！

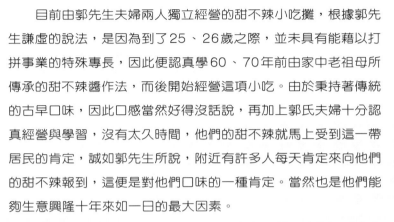

話說從前

目前由郭先生夫婦兩人獨立經營的甜不辣小吃攤,根據郭先生謙虛的說法,是因為到了25、26歲之際,並未具有能藉以打拼事業的特殊專長,因此便認真學60、70年前由家中老祖母所傳承的甜不辣醬作法,而後開始經營這項小吃。由於秉持著傳統的古早口味,因此口感當然好得沒話說,再加上郭氏夫婦十分認真經營與學習,沒有太久時間,他們的甜不辣就馬上受到這一帶居民的肯定,誠如郭先生所說,附近有許多人每天肯定來向他們的甜不辣報到,這便是對他們口味的一種肯定。當然也是他們能夠生意興隆十年來如一日的最大因素。

此外,「頂級甜不辣」在今年還從來自台灣各地的優秀小吃業者當中脫穎而出,獲得中華民國消費者協會食品評鑑金牌獎的榮耀;再加上原本中華美食展的主辦單位也是三顧茅廬的邀請郭先生到會場參展,只可惜因為郭家夫妻忙得不可開交,無法抽身才作罷,不過這些由外來人士自動加諸的光榮事蹟,的確是讓「頂級甜不辣」的頂級名聲更加實至名歸,對於郭先生夫妻來說,這些榮耀除了是一種了不起的肯定,也因此讓他們在目前的事業經營當中更有成就感和衝勁。

心路歷程

郭先生與郭太太看起來就像是你我周遭隨時可見的恩愛夫妻,雖然他們謙稱自己的能力不夠才會賣起甜不辣,不過他們的工作態度卻令人相當感動與佩服。郭先生曾讀過「樂在工作」這

頂級甜不辣

本書，頗能認同書中道理，像是他將這份職業視為一種生活樂趣，因此雖然經營小吃生意有其中的辛酸與辛苦，可是他卻完全沒有怨言，當然也就不會有職業倦怠症的產生了，他認為自己的工作時間就跟上班族的時間表沒什麼兩樣，時間到了就上工，到了打烊時間就走人，可是能夠面對面和顧客接觸，因此交了不少好朋友，又是一種相當值得珍惜的 Happy Hour。

▲ 郭先生夫妻工作中情形

此外，郭先生還是個孝順的人，他乖巧地聽從老一輩所流傳的教誨，只以腳踏實地的原則來經營生意，除了人人稱讚的家傳沾醬之外，每碗甜不辣中的每一道材料及高湯，郭先生從來不偷工減料，因此樣樣食材都是頂級的上等貨，當然也就相當好吃了。因此郭先生十分有信心，不但有別於一般的小吃攤，只單以

甜不辣來決定生意的成敗，連他自己都可以驕傲的認定，他所賣出的甜不辣品質，絕對是台北市第一名！還有「頂級甜不辣」特別採用高單價的 PP 碗供應客人，除了具有可以微波加熱的方便性之外，也是希望使用無毒餐具可以因此讓上門消費的顧客，看得安心、吃得放心，的確是相當用心良苦的一對小夫妻。

開業齊步走

攤位如何命名

　　招牌名稱是郭太太命名的，從名字可見他們對自己唯一的招牌產品可是有著足夠的信心，而且他們也連帶將名號註冊，藉以保障他們的權益。在目前別無分店的情況之下，「頂級甜不辣」至少提供消費者「知」的義務，才不至於跑錯家喔。

地點選擇？

　　在兩條街交叉路口的街頭一隅，「頂級甜不辣」就在店面周邊擺起桌椅做生意，從小在萬華地區長大的郭先生，因為家裡留下這塊地的關係，而選擇了這個地點來經營小吃。不過他對萬華一帶有相當的瞭解，也包含了相當的情感，畢竟這一帶雖有悠久的文化傳統，與嶄新的地區規劃與建築，卻也有無家可歸的遊民，說是複雜，不過也是一種越來越罕見的景象。

租金

　　由於是祖傳用地，因此也省下了一筆租金開銷，可以提供更好的食材來供應顧客；不過除此之外，由於所有的材料準備（沾醬除外）都在現場製作，因此每個月的水電開銷也不少。

▲ 頂級甜不辣店面景觀

人手

　　雖然「頂級甜不辣」的生意好得呱呱叫，不過畢竟是小本經營，因此完全由夫妻兩人一手包辦賣場的招呼與收拾，以及不定時補充材料的準備工作，兩人齊心協力分工合作，看起來就是一幅和樂融融的景象。如此看來雖然錢賺得不少，不過兩人每天的睡眠時間根本不足 5、6 個小時，果真是一對努力打拼的模範夫妻。

硬體成本

　　在生財器具上郭先生沒有太大的講究，放置甜不辣等主要食材的冰箱是一般家用規格，價格則可參考一些家電賣場或是電器行的公定售價，攤車也是向一般賣快餐車的製造商訂購，也不像一般攤商還刻意到環河南路一帶比較價錢，不過由於盛裝甜不辣的鍋子，為了符合需要倒是需特別訂做，大約花了 1 萬 5 千元。

客層調查 ••••••••••••••••••••••••••••••••

　　起初「頂級甜不辣」靠著附近的居民支持，生意可說是平穩成長，做了將近 10 年的生意，郭先生夫妻看著許多客人成家立業，和客人的感情就像是周遭的親戚朋友一般；而接著因為Here、Taipei Walker等雜誌的在地介紹，漸漸打開了知名度，於是有許多慕名而來的客人也逐漸成為他們的主要客源；此外，由於緊鄰華西街觀光夜市，許多來自香港、日本、新加坡的觀光客也都會透過導遊的介紹；還有因為攤子前滿滿的用餐人潮包圍之故，起初是因為好奇而試吃，不過就連許多日本人都認為「頂級甜不辣」實在比他們本國的關東煮還要更優幾分呢。

人氣項目 ••••••••••••••••••••••••••••••••

　　雖然只賣甜不辣，不過一碗甜不辣中的配料個個有來頭，像是甜不辣完全使用上等魚漿製作，有別於一般普通級的甜不辣的濃厚腥味；至於昂貴的白蘿蔔，根據郭先生的說法，通常成長期需要45天，採收後還要等2個星期才會有比較好的口感，加上去年風災特多，白蘿蔔的價格居高不下，不過他們就算是賠錢，也沒有換過其他的次級貨；其他像是貢丸、油豆腐、水晶餃和豬血糕，也都是特地採用手工製作的上等品質，所以香Q的咬勁，口感絕佳；而且身為靈魂主角的家傳沾醬也是每日製作，新鮮得很。據說從前郭先生曾經在甜不辣當中加入相當傳統的炸餛飩，不過後來由於客人對於這道食材反應平淡，因此才以手工水晶餃代替，這也成為「頂級甜不辣」另一種獨一無二的特色。

營業狀況

除了一般的散客之外，有許多機關團體也會向郭先生大量訂購，像是國防部、行政院主計處，與附近的銀行，每每到了下午茶的休息時刻，早就已經習慣來上一碗美味可口的「頂級甜不辣」。郭老闆如果有空就會附帶外送的服務，再不然如果客戶有大量訂購的需求，只要事先通知他們，都會來得及打包好再請專人來拿走。其實郭先生郭太太挺喜歡上門的顧客坐在他們的攤車前，邊吃甜不辣邊和老闆聊天，他們認為這樣一方面可以拉近與顧客之間的距離，而且也可以讓顧客感受到小吃攤的另一種魅力，宛如日劇中常出現的場景。

未來計畫

雖然「頂級甜不辣」的名氣漸開，不過郭先生倒是沒有太多貪心的想法，依舊秉持著自始至終所堅持的信念，希望將生意做出好口碑最重要，至於能夠賺多少錢，反而是其次的問題了。因此目前兩人也沒有想太多，像是開分店或是藉著加盟事業來拓展生意版圖，他們都還未列入考慮之中。

製・作・方・法

頂級甜不辣

1. 以大骨熬煮湯頭

2. 不時攪動湯底熬煮

3. 加入白蘿蔔熬煮

4. 白蘿蔔可增加湯頭甜味

5. 過濾湯頭雜質

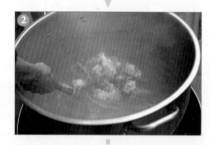

6. 獨家秘方的沾醬料

7. 甜不辣、白蘿蔔、油豆腐、豬血糕、水晶餃等食材，任顧客選擇添加。

8. 取適量材料製入碗中

9. 淋上沾醬料

10. 甜不辣成品

項　　目	數　　字	說　說　話
◆ 開業年數	約 10 年	
◆ 開業資金	約 5 萬元	
◆ 月租金	無	土地為自家擁有
◆ 人手數	2 位	夫妻一起來
◆ 座位數	約 15 位	有空就坐在攤車前和老闆聊聊天吧
◆ 平均每日來客數	約 300 人	約略估計
◆ 平均每日營業額	約 10,000 元	約略估計
◆ 每日進貨成本	約 6,000 元	約略估計
◆ 平均每日淨利	約 3,000 元	約略估計
◆ 平均每月來客數	約 8,000 人	約略估計
◆ 營業時間	2:00p.m.~12:00a.m.	
◆ 每月營業天數	約 27 天	
◆ 公休日	每月不定時休 3 天	

老闆給菜鳥的話

▲ 老闆郭大誠先生

　　人人都只看到小吃生意興隆的攤前風光，不過郭先生卻認為幕後的工作時間往往要來得更加費心費力，他認為現在的年輕人比較不願意埋頭苦幹，花上長時間來經營小本生意。至於食材的品質好壞也是小吃生意成功與否的重要關鍵；因此郭先生絕對不會將難吃的材料端到客人面前，而小吃業者對於台灣小吃向來所遵循的古早風味，更是他個人奉為圭臬般的深信不疑。

美味DIY

材料

1. 甜不辣
2. 白蘿蔔
3. 豬血糕
4. 貢丸
5. 水晶餃
6. 油豆腐
7. 大骨
8. 蔬菜
9. 柴魚

哪裡買、多少錢 ● ● ● ● ● ● ● ●

　　因為郭先生相當注重食材的新鮮品質，因此每一種食品除了絕對要求手工製作外，還特定與專門的廠商簽約，完全依照郭先生想要的品質與口感來特別製作。

▲ 老闆娘郭太太

價錢一覽表 ● ● ● ● ● ● ● ● ● ● ● ● ●

項　目	份　量	價　錢	備　　　　註
甜不辣	1斤	50元	
白蘿蔔	1箱	2000元	
豬血糕	1斤	50元	每天現做運送，因此與一般市價差別約3倍以上
貢丸	1斤	80元	
水晶餃	1斤	50元	
油豆腐	1斤	35元	

製作步驟 ● ● ● ● ● ● ● ● ● ● ● ●

1. 前製處理：

　　將所有材料洗淨備用

2. 後製處理：

　　甜辣醬

　　(1) 在鍋中加入水半斤、在來米粉2大匙、蕃茄醬1大匙、糖

3至4大匙(甜味程度視個人口味而定)、BB醬1茶匙(喜歡辣味者可加入)

(2) 以小火煮至濃稠即可

高湯

將大骨與蔬菜(如紅蘿蔔、高麗菜或洋蔥等)、柴魚放入水中熬煮約1小時，即成高湯底

其他配料

以中火加熱煮熟即可

獨家撇步

　　每日的新鮮醬料有老闆的獨家秘方調製，不方便透露，不過要製作好吃的醬料，不加清水熬煮，才不容易酸壞。

你也可以加盟

　　現在景氣不好，每個星期都有人來向郭家夫婦探詢加盟事業的可能性，不過一步一腳印的走過來，腳踏實地的郭先生，也沒有想過要把事業擴及全省連鎖；而且如果真要進行加盟事業，勢必要擁有相當詳盡的規劃，總是得讓加盟者確實賺到錢，才算是經營良心事業，因此短期之內，兩人都沒有太多的想法，所以如果真的覺得「頂級甜不辣」的口味實在夠讚，能經常上門捧場，就是給予郭先生夫妻最好的鼓勵了。

美味見證

王先生（計程車司機）：

　　不曉得是不是因為老闆賣甜不辣的豐富經驗，這裡的甜不辣口感很Q，油豆腐也非常新鮮，不過最讚的還是湯頭，不但相當夠味，而且加上蘿蔔和柴魚的甜味，鮮美到了極點！常常是意猶未盡，不像其他賣甜不辣的商家，在口味上沒什麼特別之處，而且老闆夫妻招呼客人的態度也令人覺得相當親切。

美味 DIY 小心得

MEMO

昌吉豬血湯

心在台灣

胸懷世界

口味回歸傳統

口碑世界一流

昌吉豬血湯

INFORMATION

◆ 店齡：40 年老味
◆ 老闆：古朝禎先生
◆ 年齡：52 歲
◆ 創業資本：10 萬元

◆ 每月營業額：約 200 萬元
◆ 每月淨賺額：約 78 萬元
◆ 產品利潤：4 成(老闆保守說，據專家實際評估約 5 至 6 成)
◆ 營業地點：台北市昌吉街 46 號
◆ 營業時間：11:00a.m.～11:00p.m.
◆ 聯絡方式：(02) 2596-1640

美味	紅不讓	★★★★☆	特色	紅不讓	★★★★☆
人氣	紅不讓	★★★★☆	地點	紅不讓	★★★★☆
服務	紅不讓	★★★★★	名氣	紅不讓	★★★★☆
便宜	紅不讓	★★★☆☆	衛生	紅不讓	★★★★★

　　我相信只要是落地生根的台灣人，一定都喝過豬血湯。但不論是出自母親的手藝或是街邊的攤販，湯頭好歸好，可惜就是無法讓人上癮；不過現在時代真是不同了，單單是豬血的品質，老闆都非常講究；而且不論以何種秘方熬出的湯頭，就算是喝得精光，還是覺得回味無窮；再加上工作人員的心血結晶，以及老闆

秉持著好東西要與好朋友分享的心態，更讓人深感這種小吃雖不起眼，卻是真正無價。

話說從前

　　古先生和古太太是昌吉豬血湯第二代的傳人，幾十年前，古太太娘家便在昌吉街擺著一個專賣豬血湯的小攤子。由於歷史的沿續，從前這一帶的人口都是相當平凡的士農工商階級，而古太太的娘家亦盡守本分，以簡單的小吃生意維生，並從古先生這一代拓展到目前的規模營業。古先生原先的職業為空軍，因為沒能在軍校考試中拿到好成績，而未能成為畢生夢寐以求的飛官。雖然只念了一年的官校，不過從他開始幫助古太太娘家經營的豬血湯生意之後，就專心的從事食品類的進出口貿易生意，從原先的路邊小吃攤慢慢擴大，好不容易有了一個自己的店面；漸漸地，為了容納更多的來客數，在租下緊鄰的店面後，就成了昌吉街豬血湯的今日規模。

　　其實除了湯頭的神秘配方之外，相當嚴格的品質管制流程和店主親切的服務態度，就是他們成功的最大原因，每天凌晨由屠宰場送來的新鮮豬血，經過古先生親手洗淨切塊後冷藏後，就要開始迎接一天忙碌的營業時刻。古先生對於自家的豬血有相當的自信和驕傲，他認為他的豬血品質之好，稱之為「紅豆腐」都不為過；雖曾想要以這個名字註冊。由於名聲實在響亮，從前在板橋、中永和一帶曾經有人打著同樣名號藉以招徠顧客，不但被古先生發現而拿下招牌，還有的店家甚至因口味實在差得太遠，老早就自動被客人給淘汰出局了。

心路歷程

接棒十幾年來,古先生一向堅持的經營理念,莫非於品質創新與品管衛生,深信「保持原狀就是落伍」的觀念,像是早期的昌吉豬血湯便是利用味精調味。不過古先生認為,現代人講究健康觀念,因此所有的湯頭材料多來自天然香料,當然味精也就不再使用;據說也由於「昌吉街豬血湯」的名氣之大,因此曾經採訪的大小媒體不下40家,現在連電視媒體如何進行拍攝作業,他早就十分熟悉。其中最有趣的,就連國中生要編輯校刊內容,也都跑過來採訪古先生,當時還因此在校內造成小小的迴響。

▲ 老闆工作中情形

古先生不諱言從事小吃行業雖非常辛苦,但他的快樂倒相當簡單,就是來自於客人對於食物和口味的肯定;而且他認為從事一個行業,就得認真扮好相關的身份和角色,因此提供好吃的食物,與其說是為了賺錢,倒還不如說是獲得來自客人的讚美與認同,要來得更有成就感。在店內的牆上,有好幾張社會知名人士與古先生的合照,像是台北市長馬英九、藝人王祖賢、陳美鳳、江宏恩、王識賢等,而且他們也都是這裡的常客喔!有時候休息或是一下工,可能就跑來這裡吃

碗超讚的豬血湯，和古先生聊聊天，然後盡興而歸。

　　除此之外，因為古先生和古太太都有收集古董的嗜好，在店裡除了一張精緻的紅木桌可提供來賓用餐時感受到的獨寵尊榮，而在店中四處可見的木頭橫匾，再配上古意與深意十足的優美詩詞，嘴裡有好吃的台灣小吃，心裡則洋溢著一片古意盎然。

開業齊步走

攤位如何命名 ● ● ● ● ● ● ● ● ● ● ● ● ● ● ● ● ●

　　大大高掛的紅色招牌，「昌吉街豬血湯」是為了方便路人與外地客容易辨識，不過拿著古先生設計的名片，他可是挺驕傲的以「天然紅豆腐」來稱呼招牌豬血湯。而且在店內所懸掛的金字「豬頭招牌」。除了是古先生個人的創意設計，當然他也早就登記專利商標，絕不容許外人隨意仿冒。

地點選擇 ●

　　早期的豬血湯攤位距離現在的店址有幾步之遙，昌吉街早年被在地人稱呼為「豬屠口」，不過有別於當時來消費的人口，只選擇便宜的小吃，可以餬口飯吃即可。這條街現在放眼望去，盡是令人難以抉擇的小吃店面，而這裡的豬血湯和往前走不遠的「昌吉紅燒鰻」，可是這條街上的兩大王牌。

昌吉豬血湯

租金

　　兩邊打通的店面，房東每個月收取7萬元的房租，而且不隨便漲價，古先生慶幸自己有個好房東，不過他也從來不遲繳房租，要是遇到有事得出遠門時，還會提早付給房東，而且是相當好周轉的現金，當然房東和房客的關係夠好。

▲ 昌吉豬血湯店面景觀

人手

　　每天有8至10位人手輪流早晚班的工作，並且有負責整體店面清潔的值班人員，其實在這裡工作的辛苦自然不在話下；既得要以和氣的態度來招呼客人，注重賣場的清潔，還得在閒暇時刻準備接下來使用的種種材料或是湯頭，務求保持新鮮味美，因此有時候都還必須加班，不過員工的收入也不差，大約在3萬至4萬的薪水範圍內。而且古先生也都適時的體恤員工的辛勞，因此還有出國旅遊的超級優惠，可說是顛覆了一般小吃業所提供的工作環境。

硬體成本

　　如果一般人要加盟小吃事業，古先生建議完全不用擔心生財器具的準備，因為加盟主都會事先準備與規劃；不過若是要自行開業，一個看起來頗具規模的小吃店面，少說也得準備100萬的資金流通。生意大小規模可以由業主自行考慮，不過一個用來冷藏豬血和蔬菜類的冰箱，以及可提供加熱作用的攤車，可是絕對不能少。

客層調查

　　因為名氣夠響亮，因此客人當然是來自四面八方；更因食物的超級美味，所以男女老少都吃得高興。同時許多老客人甚至比老闆還厲害，教導初次前來的朋友如何調製醬料呢！因為連外國媒體都曾經遠渡重洋地前來跨海介紹，因此海外華僑和觀光客也絡繹不絕。有許多旅居國外的客人一次打包好幾碗，就拎著上飛機請空服員冷藏，沒想到還過得了美國海關；曾經還有一位加拿大華僑，也是在出國前一天晚上來吃豬血湯，一解鄉愁，沒想到卻因為來得太晚，差一點買不到剩下的豬血湯，也是因為其他顧客的承讓，讓他有機會一嘗美味，就連古先生看了都覺得很溫馨呢！

人氣項目

　　這裡的滷小菜也相當有名，像是豬血湯中的大腸每天得花 2 個小時滷製，不過因為豬腸的市價昂貴，因此每天只採購80斤供應消費者。其他如滷肉飯、滷白菜、滷筍干，也都是使用新鮮食材滷製而成。再說說特別的滷蛋，經過長時間的滷製入味之後，整顆蛋因為氧化效果而成咖啡色，看起來就跟阿婆鐵蛋一樣，只不過絕對不加防腐劑就是了。而早年只賣豬血湯，也經過古先生的巧思變化，還多了可以選擇辣度的麻辣豬血，享受這裡既Q且軟的上等豬血，而因為客人的反應，也增加了滷肉飯和炒米粉，來一趟就可以吃得粉飽粉飽，盡興而歸。

營業狀況

　　每天一早11點開店就忙得不可開交，只要到了用餐時間絕對是高朋滿座，到了假日時段，來用餐的人潮更多，還可見時髦的年輕小姐一點也不介意地跟著大家擠個位置用餐。古先生的記性很不錯，因此大部分的客人只要來過一次，他就相當有印象，所以常常可以看見古先生在店裡忙著和老客人打招呼，再熟稔一點的話，還會坐下來聊上幾句。有時候古先生會改變一下口味，吃得出來的老客人若是有疑問，他也都會耐心且誠懇的解說，畢竟客人的掌聲就是古先生繼續經營的最大原動力，所以如果真的覺得好吃，可千萬不要吝惜稱讚他喔。

未來計畫

　　目前有一半的事業重心都在印尼，現在的豬血湯生意也已經找到接班人來傳承，因此古先生和古太太打算再過幾年就從目前的工作崗位上退休，接著就到國外去享享清福了。不過古先生在海外的食品貿易和國內的豬血湯經營，當然還是會持續下去，只是「人生七十才開始」，說不定將來還有什麼樣的新鮮規劃，現在都還說不準。

製・作・方・法

昌吉豬血湯

專家教你這樣做

1. 豬血湯材料：新鮮熟豬血、韭菜、酸菜、豬血沾醬、麻辣醬

2. 熬煮好的豬血湯以小火加熱

3. 加入適量韭菜

4. 加入適量酸菜

5. 淋上南洋配方沙茶醬

6.加入適量豬血

7.淋上豬血湯汁

8.豬血湯及大腸豬血湯成品

▲ 豬血湯的配菜選擇：魯蛋、油豆腐、魯竹筍、炒米粉、魯白菜、魯肉飯

數・字・會・說・話

項　　目	數　　字	說　說　話
◆ 開業年數	43 年	目前已經是第二代經營
◆ 開業資金	約 100 萬元	當時找個店面營業，以及必要的硬體設備支出
◆ 月租金	7 萬元	打通的相鄰店面
◆ 人手數	約 10 人	輪班制，負責招呼、清潔、材料準備
◆ 座位數	約 60 人	可在店內配合茶點享用
◆ 平均每日來客數	約 800 至 1000 人	約略估計
◆ 平均日營業額	約 70,000 元	約略估計
◆ 每日進貨成本	約 20,000 元	約略估計
◆ 平均每日淨利	約 28,000 元	約略估計
◆ 平均每月來客數	約 25,000 人	約略估計
◆ 營業時間	11:00a.m.~11:00p.m.	
◆ 每月營業天數	約 28 天	
◆ 公休日	初三、十七（傳統市場休市）	

老闆給菜鳥的話

▲ 老闆古朝禎先生

　　經營小吃要能夠獲利，就是得要調配研究出消費市場願意接受的口味，因此如何加入自己的創意和消費者的習慣來創新，是一門學問。由於經營小吃的辛苦不在話下，因此敬業態度也就更為重要，俗諺說：「人在做，天在看」，而客人卻是與小吃業者直接面對面的接觸，如果客人都願意肯定老闆的工作態度，那麼絕對不愁沒有生意進帳。

美味DIY

材料

1. 豬血
2. 韭菜
3. 酸菜
4. 特殊沙茶醬
5. 南洋香料
6. 大骨

哪裡買、多少錢 ●●●●●●●●●●●●●●●●●

　　每天由電宰場親自運送到店上的新鮮豬血，經過處理以及適溫冷藏，因此豬血沒有氣孔，平滑度和密集度無可挑剔，所以新鮮豬血呈咖啡色狀態；而韭菜有專業栽培，經過一定的要求；至於南洋香料，由於採空運來台，走一趟南北貨應有盡有的迪化街試試。

價錢一覽表 ●●●●●●●●●●●●●●●

項　　目	份　量	價　　錢	備　　　　註
韭菜	1斤	50至100元	價格視季節、產地波動
酸菜	1斤	20元	

製作步驟 ●●●●●●●●●●●●

▲ 豬血湯獨家調味醬

1. 前製處理

　　(1) 新鮮豬血約100度熱溫時洗淨切塊，冷藏約4小時。

　　(2) 韭菜、酸菜洗淨切片。

2. 後製處理

　　(1) 大骨熬煮湯頭，以小火慢慢熬煮約一個半小時。

　　(2) 加入香料調味，以小火熬煮約半小時即成高湯底。

　　(3) 豬血加入高湯加熱即可食用。

　　(4) 以約100度熱湯淋上酸菜，可激發酸菜的天然味道。

獨家撇步 完美無瑕、口感柔軟至恰到好處的豬血，高品質的配菜，以及南洋口味的獨家香料，就是讓昌吉街豬血湯大大有名的原因所在。

你也可以加盟

沒有打算開放加盟的事業規劃，不過古先生預計到明年為止，或許會擴大到10家分店的規模，當然地點不成主要的考量，不過要如何擬定合適的宣傳策略，並且維持傳統美食的絕佳風味，是他目前的重心所在。

美味見證

陳先生、胡小姐（保險業）：

　　一開始是因為聽說這裡很出名才來試試看，這裡的豬血湯相當好吃，豬血軟軟QQ的，湯頭也不會太油；所以只要有機會經過這一帶，不但會來享受常常懷念的口味，也會外帶給客戶分享。

美味 DIY 小心得

MEMO

招牌客家湯圓

四海本一家

吃一口湯圓

圓滿你的人生

招牌客家湯圓

度小月

INFORMATION

◆ 店齡：10 年美味
◆ 老闆：邱瑞廣先生
◆ 年齡：45 歲
◆ 創業資本：10 萬元
◆ 每月營業額：約 24 萬元
◆ 每月淨賺額：約 11 萬元
◆ 產品利潤：約 5 成(老闆保守説，據專家實際評估約 6 成)
　　◆ 營業地點：台北市遼寧夜市內(遼寧街 69 號對面)
　　◆ 營業時間：3:00p.m.～1:00a.m.
　　◆ 聯絡方式： (02) 2740-7515

招牌客家湯圓
遼寧街
復興北路
■ 60 號水果攤
南京東路三段

美味	紅不讓	★★★★★		特色	紅不讓	★★★★★
人氣	紅不讓	★★★★		地點	紅不讓	★★★★★
服務	紅不讓	★★★★		名氣	紅不讓	★★★★
便宜	紅不讓	★★★★★		衛生	紅不讓	★★★★★

在一碗熱呼呼的湯圓下肚之後，腸胃往往都被糯米填得圓圓滿滿；而甜的湯圓總是在吃了兩三口之後，和著甜湯更容易嫌膩；可是口味鹹重的客家湯圓，當咬出一口又一口香噴噴的肉汁時，似乎也根本不在乎一口氣撐下了 4、5 個湯圓之後的飽呼呼了。肉香、菜香、糯米香，其實客家湯圓還真令人回味無窮呢！

話說從前

　　在繁華熱鬧的遼寧夜市中，邱先生所經營的小小攤位，沒有什麼特殊招牌作為標記，可能會讓人在眼花撩亂之際忽略了這裡的存在。此處雖小，可是說起邱先生自製自賣的客家湯圓，在這一帶倒是相當出名，並且廣受許多客人的熱烈捧場。

　　邱先生從20年前就開始從事小吃業生意，起初他經營的是海產類小吃，卻因後來有愈來愈多的同業激烈競爭，生意也就變得非常難作；因此邱先生便選擇了與甜湯的相關小吃另起爐灶；身為客家人的他，就跟著母親仔細學起了客家湯圓的製作手法，沒想到一晃眼過了10年，現在邱先生不論是賣甜湯或是湯圓，都十分的有名氣。當然邱先生也曾經去試吃過其他地方的鹹湯圓，他不諱言有些攤家賣的湯圓也相當好吃，不過因為每個人所料理的方式都不盡相同，光是湯頭就有好幾種差別，只是客人習慣邱先生的料理方式，相對獲得不少顧客的好評，也間接替他作宣傳，所以目前生意十分穩定；雖然只是小本生意，可是能做出大眾都肯定的口碑來，自然相當值得驕傲。

心路歷程

　　從前在農業時代，就算沒有貧富不均，可是大夥兒的生活水平也高不到哪裡去。那個時代的人，總是有什麼吃什麼，自給自足。尤其在冷颼颼的冬天裡，農家子弟還是得認份的下田耕種，

到了休息時間需要用些點心補充體力，祖先們便就地取材，將收割的稻米利用巧思而做出了湯圓，讓這些辛苦工作的男丁們在一碗碗的湯圓下肚之後，不但可藉著熱氣暖足身子，而且絕對保證可以填飽肚子。

不過邱先生表示，其實閩南人和客家人所製作的鹹湯圓還是有一些差別，真正的客家湯圓其實只是一粒粒不包餡的白湯圓，然後在高湯中加入炒好的肉塊和茼蒿菜，就很道地了：但因為台北人都喜歡吃裡面含著滿滿餡料的大湯圓，於是他也會另外製作這種湯圓，提供顧客多樣化選擇。因為所有的材料都是每天現煮現做，需要花費相當多的時間與精力，因此別看他的店面小，全程可都是以精緻的手工來料理每天所需要的材料。邱先生和邱太太只要有時間，兩個人就會輪流在家裡面搓湯圓，或是準備其他的甜湯材料。

中國時報、自由時報，還有一些網路報導，都曾經幫邱先生的湯圓做過宣傳，對生

意也是小有助益。畢竟是做過海產小吃,邱先生就連看似簡單的客家鹹湯圓,一旦說起作法來也頭頭是道,例如要怎麼炒出肉香、要如何調味湯頭等,相當有意思喔。

開業齊步走

攤位如何命名

也稱得上是老字號的招牌客家湯圓,本來邱先生曾經想過在招牌上加上「遼寧街」3個字方便客人辨識或是稱呼,不過後來並未實行,在攤車招牌和店面牆上只是簡單的註明「招牌客家湯圓」,不過我覺得倒是言簡意賅,而且或多或少也吸引不熟的客人嘗試邱先生的手工湯圓。

地點選擇

從前邱太太的娘家便是在遼寧街夜市內經營目前的攤位,因此邱先生也沒有刻意去尋找其他地點,直接就近開始在這裡做起生意;不過前一陣子台北市政府才剛剛將遼寧街夜市的容貌翻新,所以現在前去逛街的人潮,應該都會對這個地區的煥然一新,有一種看起來「真的不一樣」的感覺。

租金

在邱先生自行開業之後，起初也是以承租的方式來做生意，隨後便將這個攤位買了下來，現在算是他們個人的私有資產；不過這裡的租金大約都在2萬至3萬之間，每家店面在坪數上還是有些許的差別。

人手

其實手工製作真的相當費時，不過邱先生畢竟只是經營小本生意，如果多請人手，算時薪工作根本划不來，還不如夫妻倆省一點，自製自銷把材料的利潤省一些起來，所以邱先生和邱太太每天忙著準備食材，外加自行料理的功夫，因此他們還特地請了一個人手在店裡幫忙，不過也只有半天的時間。其餘的時候，就由邱先生和邱太太輪班，一人到賣場招呼，另外一人就在家裡繼續工作。

▲ 攤位店面景觀

硬體成本

因為甜湯類的素材多，像是花生、紅豆和蓮子等食材都需要靠壓力鍋來快速燉熬，再加上湯圓務必以冷凍方式保存，因此壓力鍋和冷凍櫃規格的冰箱，當然是不可缺少的生財器具。另外還得準備鍋子來熬基本的甜湯底，再加上攤車，林林總總絕對不少於4萬元的資金。

客層調查 ●●●●●●●●●●●●●●●●●●●●●●●●

　　這附近一帶的上班族不分年齡大小性別，其實都會三不五時的來光顧，不過由於老年人不喜吃糯米類的東西，覺得不好消化，因此大部分的客層還是以年輕人或是中年人為主。邱先生也舉了幾個名人，像是新聞主播吳中純、詹宜怡，都常常會在新聞播報結束之後，來這裡吃個甜湯當宵夜，還有在文藝界也相當有知名度的蔡詩萍，也都會不定時來捧捧場。前陣子在馬英九市長巡視遼寧街夜市落成風貌之時，也特地前來嘗了幾種食物，對邱先生的手藝十分讚賞，當然邱先生也把握機會和他來個幾張合照囉。

人氣項目 ●●●●●●●●●●●●●●●●●●●●●●●●

　　除了客家湯圓之外，很多人來到邱先生的店裡可能會相當好奇他另一項特別擺出來宣傳的「客家麻薯」，同樣是糯米製成的麻薯，在熱騰騰的狀態之下淋上黑芝麻和花生粉，絕對要在趁熱時咬一口，軟軟滑滑的口感，完全不覺得黏膩；另外還有一種相當出名的「燒麻薯」，已經賣了8年的時間，這是以薑汁和黑糖所熬成的甜湯底，配上同樣是稍熱的白麻薯，不過去年因為不夠冷，邱先生也就暫停一次，今年的冬天如果凍死人，肯定有福氣吃到這道光是聽著聽著就口水直流的特別甜點了。

▲ 招牌料理：花生湯圓（左上）、客家鹹湯圓（右上）客家燒麻薯（下）

度小月

　　守本分做生意的邱先生，從來也沒有仔細去鑽研過客人為何喜歡他的口味，只是常常聽到上門的顧客總是稱讚他們的口味特別。不過這一點都不打緊，如果你正巧在下午茶時段或是晚餐過後的點心時段跑來點個湯圓，肯定要多等一下；加上這附近公司行號與各種機關團體也不在少數，所以每天下午３點左右，邱先生還得忙著到處外送。不過每年生意最好的時候，肯定要屬尾牙那一天；根據邱先生的說法，當天來吃湯圓的顧客可是在這條街上都繞了好幾圈，所以他的湯圓生意在當天也都會達到頂峰，一下子就猛衝到３萬元的營業額，在這經濟不景氣的時刻，還真是令人稱羨呢！

　　邱先生認為，生意能怎麼賺，就跟著怎麼做。許多客人來吃湯圓時，也會順便打包一些手工生湯圓回去，不過真要做批發生意，光是邱先生和邱太太兩個人努力，絕對是供不應求，所以也沒辦法因此多增加一些營業額；而且家中的小孩對於經營小吃沒有什麼興趣，加上現在景氣不好，所以儘管生意不錯，邱先生也不敢貿然多開分店。

製·作·方·法

招牌客家湯圓

專家教你這樣做

1. 圓頭糯米洗淨
2. 放進磨豆機中磨成米漿
3. 脫出米漿中水分
4. 以熱水煮開黏著劑
5. 脫水米塊倒入攪拌機中

6. 加入黏著劑攪拌均勻

7. 取適量糯米塊捏成長條狀湯圓

8. 切成等分小湯圓

9. 手工湯圓成品

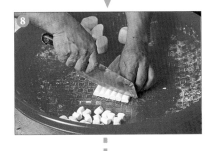

10. 鹹湯圓內餡材料：豬肉、蔥花、蝦米、油蔥、蘿蔔乾、乾香菇

11. 蔥花及香菇先切碎

12. 內餡材料下鍋炒熟

13. 取適量內餡裹入湯圓皮中

14. 在碗中加入適量高湯
15. 加入適量醬油及蘿蔔乾
16. 鹹湯圓以熱水煮熟
17. 茼蒿菜燙熟後置於碗中
18. 客家鹹湯圓成品

項　　目	數　　字	說　說　話
◆ 開業年數	10 年	
◆ 開業資金	約 10 萬元	含材料成本以及租金等必要支出
◆ 月租金	無	攤位為自行購買，若以此處的行情估價約為2至3萬，但會因坪數的大小而有所不同
◆ 人手數	2 位	夫妻一起來
◆ 座位數	約 15 位	小而美，明亮而乾淨
◆ 平均每日來客數	約 200 人	約略估計
◆ 平均日營業額	約 10,000 元	每年尾牙時，日營業額可達3萬元
◆ 每日進貨成本	約 2,000 元	約略估計
◆ 平均每日淨利	約 4,000 元	約略估計
◆ 平均每月來客數	約 6,000 人	約略估計
◆ 營業時間	3:00p.m.~1:00a.m. (隔日)	
◆ 每月營業天數	約 30 天	
◆ 公休日	可說是全年無休，不過太累的話會有臨時休息的狀況	

老闆給菜鳥的話

▲ 老闆邱瑞廣先生

做小吃生意，材料的錢絕對不能省，所以好的配料配上好的湯頭，絕對是將生意做好的首要條件；而且食物是否煮得好吃，以及看起來美觀與否也相當重要，否則想上門的顧客光是看看，說不定沒了胃口立刻就打退堂鼓，絕對划不來；而且注重店面和食材衛生也是相當重要的一環，這樣客人才會願意坐下來用餐嘛！

美味DIY

材料

1. 糯米（圓頭）
2. 五花豬肉1斤
3. 客家蘿蔔乾2兩
4. 油蔥2大匙
5. 鹽1茶匙
6. 高鮮味精1茶匙
7. 香油1茶匙
8. 蝦米1兩
9. 蒜頭1兩
10. 茼蒿菜
11. 速食高湯

哪裡買、多少錢 ●●●●●●●●●●●●●●●●●●●●●●

　　買糯米時，可直接向米店老闆詢問何種產地的糯米品質比較適合個人的需要，而其他的調味料和客家蘿蔔乾都可以在迪化街或是專門的南北貨商採買，比較便宜。

價錢一覽表 ●●●●●●●●●●●●●●●●●●●●

項　目	份　量	價　錢	備　註
圓頭糯米	1斤	25元	冬天時的價錢貴
五花豬肉	1斤	90元	
客家蘿蔔乾	1斤	約20元	
油蔥	1斤	25元	

製作步驟 ●●●●●●●●●●●●●●●

1.前製處理

　　湯圓皮

　　(1) 糯米洗淨後泡水，冬天約1小時，夏天約40分鐘

　　(2) 用磨豆機磨成米漿後放入米袋

　　(3) 用繩子綑綁住米袋脫出米漿水分

　　(4) 加入水中煮熟後攪拌即可

　　湯圓內餡

　　(1) 豬肉切片後下油鍋炒熟

　　(2) 加入調味料均勻拌開

2.後製處理

高湯佐料

(1) 豬肉切片下油鍋炒熟

(2) 加入蝦米、油蔥、蒜頭炒熟

(3) 加入調味料拌勻

茼蒿菜洗淨備用

客家鹹湯圓

(1) 湯圓、高湯佐料、茼蒿菜加水煮熟後撈起

(2) 淋上高湯即可

獨家撇步

製作湯圓內餡時，務必按照順序製作：先爆出豬肉的油香，再依序放入其他佐料炒熟；以清水煮熟湯圓之後，再淋上高湯，味道比較鮮美。

你也可以加盟

雖然邱先生沒有開放加盟的想法，不過對於製作甜湯或是手工湯圓有興趣的人，邱先生倒是不介意傾囊相授，不過每天都得做生意的邱先生也相當忙碌，因此有心人要三思而後行，若是真有開業的想法和衝勁，再去麻煩邱先生吧！

美味見證 ●●●●●●●●●●●●●●●●●●●●●●●●●●●●●●●●●●●

朱小姐（餐飲業）：

　　來這裡用餐也有2年的時間了，這裡的甜湯口味比起外面的店家都要來得道地。特別推薦紅豆湯圓和客家燒麻薯，因為是純手工製作，所以湯圓咬起來滑軟綿密，一個接一個也吃不膩。

美味 DIY 小心得

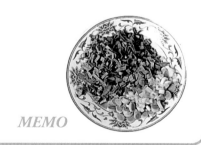

MEMO

陳董藥燉排骨

台灣第一家

開啓藥膳流行風

盛名在台北

四面八方吃透透

陳董藥燉排骨

INFORMATION

◆ 店齡：10年美味

◆ 老闆：陳家華先生

◆ 年齡：46歲

◆ 創業資本：2萬元

◆ 每月營業額：約300萬元(總店與饒河店合計)

　　◆ 每月淨賺額：約150萬元(總店與饒河店合計)

　　◆ 產品利潤：5成(老闆

　　◆ 營業地點：台北市八德路4段739號(總店)

　　　　　　　台北市饒河觀光夜市160號(饒河店)

◆ 營業時間：4:00p.m.～12:00a.m.

◆ 聯絡方式：(02) 2767-4982

松河街
饒河街　　■慈祐宮
饒河店　　■總店
虎林街　　　　　■松山車站
八德路四段

美味	紅不讓	★★★★☆		特色	紅不讓	★★★★★
人氣	紅不讓	★★★★★		地點	紅不讓	★★★★★
服務	紅不讓	★★★★★		名氣	紅不讓	★★★★☆
便宜	紅不讓	★★★★★		衛生	紅不讓	★★★★☆

　　最近許多養身美容的食譜大行其道，滋補的藥膳料理便立刻成了焦點話題，也因此帶動了藥燉排骨的名氣，頓時增加了不少客源。在冷颼颼的寒冬中來上一碗洋溢著中藥香味的溫熱排骨湯，頓時之間似乎將身體中拼命發抖的寒氣都給一掃而空，縈繞全身的暖流，彷彿也間接賦予身心充實的力量，果然是將養身美容的療效發揮於無形呢！

陳董藥燉排骨

　　因為事業瓶頸的關係，陳先生捨棄了他原本擅長的成衣開發業，由於當時紡織業的成本昂貴，就算每每開發出新式布料或是款式，立刻就有不肖的仿冒商人跟進。陳先生警覺到當時的事業已經開始走下坡，根本賺不了什麼錢，正巧有一位親戚多年來靠著賣蚵仔麵線而賺進了一家建設公司，於是他也就以碰碰運氣的心態轉往小吃業發展。

　　初出茅廬的陳先生，除了曾經向人請教過藥燉排骨的作法之外，也就是抱著邊作邊學習的心態來經營，而且陳先生還評估過生意上的風險；因為大骨頭的成本相當低，要是不受歡迎而關門大吉，也不至於損失過多的進貨成本。當時藥燉排骨根本吸引不了台北地區的居民，因此來捧場的客人清一色都是從中南部北上到台北生活的人。直到近幾年來，或許是因為現代人開始注重養身保健之道，突然間陳先生的藥燉排骨開始大受歡迎，再加上他的口味也不斷地在開發進步當中，因此也增加了不少的知名度。

　　現在「陳董藥燉排骨」早已經是台北市內首屈一指的排骨大王，他所經營的藥燉排骨，他自己都覺得應該是全台灣省第一家經營的老字號。由於名氣這麼響亮，全省賣排骨的廠商也都知道有他這麼一號人物，再加上陳先生早已經透過不少美食報導的採訪而奠定了個人的知名度，現在常常是走在路上就像掛著明星光環一般，時常有人來主動寒暄攀談，簡直就跟意氣風發的大企業家一般風光呢！

心路歷程

陳先生或許沒料到他本來只想要小本經營的藥燉排骨會有今日的成功，不過他在食材選擇上的用心程度，才是口碑不斷累積的真正因素。陳先生說早期賣的藥燉排骨看起來黑黑苦苦的，經過慢慢改良之後的口味，現在吃他的藥燉排骨，除了相當清爽的口感之外，還有無形中增加的健身療效：血氣暢通、治療不孕、壯陽強身等由客人所親身體驗見證的口碑。

▲ 老闆工作中情形

當初陳先生大約花了1年的時間才逐漸累積了一些固定的客層，走過這十多個年頭，完全是靠著穩紮穩打的工作態度，以時間來換取金錢，因此比起一般的行業說來，在體力上加倍損耗，完全沒有任何投機取巧的鑽營功夫，而且因為他所經營的藥燉排骨名氣一開，許多想要分一杯羹的人也來跟著湊熱鬧，因此在初期也多少會影響到他的生意。

不過據說儘管有不少相同的藥燉排骨店，由於各家的中藥用料所熬煮的湯頭不盡相同，再加上客人比較之後，還是對「陳董藥燉排骨」情有獨鍾；而陳先生雖然對自己的口味相當有自信，

他也明白每個人的偏愛口味不盡相同，對他來說，每10個上門的客人，只要有一半的人數願意稱讚他的藥燉排骨好吃，他就已經非常滿足了。

開業齊步走

攤位如何命名　●●●●●●●●●●●●●●●

　　一般的藥燉排骨店肯定都會加上「十全」二字，當時頗有危機意識的陳先生，為了不想造成與其他店家視聽混淆，而且取個店名也方便來消費的顧客稱呼，於是在大約8、9年前，打算申請註冊商標以示區隔；不過「陳董」這個聽起來相當大氣的名字，卻是陳先生在註冊當天，突然之間靈光乍現而蹦出來的名號，乍聽之下，令人覺得相當特別。

地點選擇　●●●●●●●●●●●●●●●●●●●

　　一開始就選擇饒河街的觀光夜市來做生意，當時這一帶的租金低廉，陳先生絕對負擔得起；不過到後來由於生意漸漸興隆，有時候人潮一多，妨礙到其他店家的生意反而不好，所以在3、4年前，陳先生又在松山車站的對面租下一間店面，可以容納大約75位客人的寬敞空間，當然也因此順利成章的成為「陳董藥燉排骨」的總店了。

租金

目前在饒河夜市路中的攤位，因為陳先生已經買下來的緣故，所以不需要租金支出；不過在八德路上的總店，每個月則需要支付 30 萬元的租金，但是因為靠近路口，搭車的人潮也相對帶來不少生意，用餐的空間寬敞，坐下來吃飯的客人也變多了，可說是利多於弊。

▲ 陳董藥燉排骨店面景觀

人手

兩邊的營業地點加起來，陳先生大約請了十幾個人手來幫忙，其實陳先生用人沒有什麼太大的標準，只要有興趣作小吃生意的求職者，他都會試用，不過他也十分清楚這樣的人手，無法和一般公司行號或是服務業人員的素質相比。不過我個人倒是覺得這裡的服務人員，不論是在招呼或是服務態度上，都還算是相當不錯，或許是因為陳先生也想從中尋找合適的接班人，因此要求也比較高。

硬體成本

經營藥燉排骨的生財器具大致說來，需要準備桶子用來盛放熬煮好的中藥高湯，快速爐用來保持一定的加熱溫度，以及冷藏普通食材的冰箱，冷凍肉類的冷凍櫃絕對不可少，規模大小當然得視個人需要而定，陳先生也都是在環河南路一帶的集中地購買所需要的硬體設備。不過除了攤車是因為參照古人有此一說的賺錢秘訣，而使用特殊的尺寸來訂製，否則陳先生認為做生意為的就是求利，其實是不需要刻意在這些生財器具上大肆鋪張的。

客層調查

計程車司機常常來光顧「陳董藥燉排骨」，由於長期食用之後確實有清瘀活血的療效，經過他們最直接且立即的好康相報，也因此為陳先生增加了不少外來客源；此外，陳先生的老客人也不少，從前只有一些30至40歲左右的中年客層才喜歡吃藥燉排骨，而現在來這裡消費的客人，可說是不分男女老少，而且常常有許多客人連續幾個月的時間，每天必定向「陳董藥燉排骨」報到，數十年來如一日，所以這裡的藥燉排骨到底有沒有療效，他們最適合當見證人。而在媒體熱鬧報導之下，也吸引了不少學生族群的光顧，許多專程前來一探究竟的老饕也不在其數；當然也因為饒河街觀光夜市和鄰近五分埔所凝聚的逛街人潮，都是「陳董藥燉排骨」能夠時時高朋滿座的主因。

人氣項目

在這裡也可以吃到藥燉羊肉和滷肉飯，陳先生說這裡的羊肉經過中藥細火慢燉，已經沒有什麼惱人的羊騷味，而且肉質香醇，只不過一般人還是比較喜歡點上一碗藥燉排骨，因此每天藥燉排骨和藥燉羊肉的銷售比例大約在7比3左右。陳先生覺得他自己多年所研究調配的藥膳湯頭，相當爽口而不油膩，好吃當然不在話下，而且他的湯頭和肉香味，和其他家都有所差別，因此每天在這裡可以賣出超過1千碗的藥燉排骨，同性質的商家完全無法匹敵，要稱呼「陳董藥燉排骨」是箇中小吃的佼佼者，絕對是實至名歸。

營業狀況 ●●●●●●●●●●●●●●●●●●●●●●●●●●●●●

　　儘管2個店面擁有超過150個座位數，不過每每到了用餐的尖峰時刻，以及第二波的宵夜時段，常常還是得要排隊稍等；由於大部分的顧客都是在附近工作或是逛街路過，因此內用的客人比例高達7成，也難怪需要大量的座位來提供給消費的客人了。也由於藥膳的性質比較特殊，因此在炎炎夏日時，生意多少都會受到影響，有些許的清淡，不過入秋之後，生意就十分的穩定了。

未來計畫 ●●●●●●●●●●

　　目前陳先生最希望能夠積極培養一個接班人，未來若是還有拓展分店的計畫時，也能放心交給彌足信任的人手，因此他也十分歡迎對藥燉排骨這門小吃生意有興趣的人，可以來他的店裡試試看，看看有沒有緣分可以成為長期合作的事業伙伴。此外，如果有機會的話，陳先生希望可以經營一家複合式的餐廳，前來用餐的客層和頻率也都遠比小吃業來得比較固定。

製·作·方·法

陳董藥燉排骨

專家教你這樣做

1. 加入適量清水煮滾
2. 同時加入大骨及排骨熬煮
3. 加入特別調製的中藥包熬煮
4. 待排骨滾熟入味之後拿起中藥包
5. 不停攪動鍋內湯底

106

6. 過濾排骨湯中雜質

7. 取等份大骨與排骨倒入
碗中

8. 藥燉排骨成品

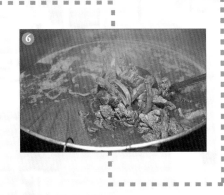

陳董藥燉排骨

項　　目	數　　字	說　說　話
◆ 開業年數	約 10 年	
◆ 開業資金	約 2 萬元	不過經過陳先生的評估，在今日想要經營一家藥燉排骨的小吃攤，絕對不只這些錢，或許還要經過多方面的考量才能估計大約的資金
◆ 月租金	30 萬元	八德路的店面；饒河夜市的店面為自有，不需租金
◆ 人手數	約 15 位	饒河店與八德總店2家店合計
◆ 座位數	約 150 位	饒河店與八德總店2家店合計
◆ 平均每日來客數	約 1,000 碗	未估計實際來客數，只評估藥燉排骨賣出的數量(以碗計)，2 家店合計
◆ 平均日營業額	約 100,000 元	2家店的日營業額合計，夏天生意比較清淡
◆ 每日進貨成本	約 25,000 元	2 家店合計
◆ 平均每日淨利	約 50,000 元	2 家店合計
◆ 平均每月來客數	約 30,000 碗	未估計實際來客數，只評估藥燉排骨賣出的數量(以碗計)，2 家店合計
◆ 營業時間	4:00p.m.~12:00a.m.(隔日)	
◆ 每月營業天數	約 30 天	
◆ 公休日	無	農曆年休 4 天

老闆給菜鳥的話

▲ 老闆陳家華先生

陳先生認為經營小吃一定要徹底研究當地人口的飲食習慣和口味,才能跨出成功的第一步;而且由於小吃業也是服務業的一種,因此不論在烹調肉類的技術,或是藥包口味的調配上,都是一項必須認真學習的技術,這樣一來,客人吃得出老闆的用心,小吃事業的經營才有蒸蒸日上的業績可言。

美味DIY

材料 ●●●●●●●●●●●●●●●●●●●●●●●●●●●●●●

1. 排骨(豬骨和中骨)
2. 羊肉
3. 中藥包(包括當歸、川芎、黃耆等8種藥材)
4. 鹽巴

哪裡買、多少錢 ●●●●●●●●●●●●●●●●●●●

　　肉類食品都是陳先生向固定的貿易商訂購，不過以他的建議，通常要以中骨來藥燉的口味最佳，只是現代人除了講究肉質的口感，也注重肉類的香味，因此他都會將有肉的排骨和一般大骨一起混雜著煮；至於中藥包，可視各人喜好的口味或是要求的療效，透過大盤中藥商的批發，比較便宜。

價錢一覽表 ●●●●●●●●●●●●●●●●●●●●●●●●●●

項　　目	份　量	價　　錢	備　　註
排骨	1斤	20至30元	視排骨種類而定
羊肉	1斤	50至60元	

製作步驟 ●●●●●●●●●●●●●●●●●●●●●●●●●●●

1. 前製處理：

　　將排骨放入沸騰熱水中川燙後立即撈起

2. 後製處理：

　　(1) 將排骨再放入熱水中熬煮
　　　　約2小時，加入中藥包

　　(2) 加入鹽巴調味並加入些許冰
　　　　糖，藉以增加排骨甜味

　　(3) 以慢火熬煮約半小時

獨家
撇步

中藥包有著老闆的獨家秘方，因此不油不膩，清爽順口

你也可以加盟

　　目前陳先生也有意開放加盟，不過由於技術問題有待克服，他認為光是產品好還不夠，像是烹調的手藝和技巧，都是加盟者必須一併學習的地方；再加上開店的租金與生財器具的花費高達幾十萬；若是貿然開放加盟，說不定賠了夫人又折兵，相當冒險，還不如開放給目前店裡的人手來開分店，比較妥當，不過有心人還是可以和陳先生交流一下，分享彼此的心得與創業計畫。

美味見證 ●●●●●●●●●●●●●●●●●●●●●●●●●●●●●●●

鄭小姐（保險業）：

　　這裡的每一種食物都十分道地，尤其是魯蛋也用肉燥來滷出味道，十分入味，還有紅油餛飩也十分好吃；這裡的食物我已經吃了快10年了，總覺得老闆所料理的口感就是特別好，而且用餐的店面也相當乾淨，所以我時常在下班回家之前都會繞道這裡來外帶一些東西回家吃。

美味 DIY 小心得

MEMO

丹芳仙草

淡淡仙草香

芬芳十足特別口感

濃濃黑仙草

健康美容百分百

度小月

丹芳仙草

INFORMATION

◆ 店齡：9年老味
◆ 老闆：王啓光先生
◆ 年齡：35歲
◆ 創業資本：約50萬元(虎林店)
◆ 每月營業額：約32萬元
　　　　(饒河店與虎林店合計)
　　◆ 每月淨賺額：約24萬元
　　　　　　(饒河店與虎林店合計)
◆ 產品利潤：約7成
◆ 營業地點：台北市虎林街166號
◆ 營業時間：10:30a.m.～10:30p.m.
◆ 聯絡方式：(02) 2345-1560

忠孝東路五段
市政府
MRT4號
出口
虎林街
丹芳仙草
虎林店
松德路

美味 紅不讓 ★★★★★		特色 紅不讓 ★★★★★
人氣 紅不讓 ★★★★		地點 紅不讓 ★★★★★
服務 紅不讓 ★★★★★		名氣 紅不讓 ★★★★
便宜 紅不讓 ★★★★★		衛生 紅不讓 ★★★★★

　　看起來完全其貌不揚的仙草凍，卻具有天然草本植物的功效，在夏天時來一碗冰冰涼涼的仙草冰，的確頓時能將體內五臟六腑的悶熱血氣都清除得一乾二淨，當然也就容光煥發的洋溢自然美了。自從冬天有了燒仙草可以吃，利用熱騰騰的仙草湯來滋補暖身，加上甜料（尤其是硬硬脆脆的硬花生最是絕配！）一杯

下肚，又不致於像花生湯或是紅豆湯那般熱量驚人，可說是相當健康的冬日熱飲。

話說從前

　　民國81年，國內正興起一股燒仙草的小吃熱方興未艾，當時還是公務人員的王先生，便興起自行創業的念頭，於是在饒河街夜市租下現在的攤位，和母親分工合作的賣起燒仙草。不過王先生的仙草和別家都不同，因為他完全取材純正仙草葉熬製而成，每一家的燒仙草都是經過鹼粉加工，雖然可以幫助消化、調降火氣，可是畢竟不夠天然；而王先生所販賣的仙草食品，純度十足，蘊含著淡淡的青草香味。只是一般大眾吃慣了市面上的加鹼仙草，卻反過來認為王家仙草肯定是偷工減料，所以才會與一般仙草的味道有相當大的差別。不過王先生相當有耐心，他總是替上門的顧客逐一解釋，並且整整花了2年的時間研究，對仙草從一無所知到博學精通，也因此讓上門的顧客對他的產品充滿信心，收入逐漸穩定。

　　而在此時，原本只是普通的饒河夜市也經過地方人士的努力奔走爭取，使得饒河夜市成為台北市的第一個觀光夜市，人潮愈來愈多，王先生於是辭去了原本在教育單位的事務工作，專心與母親共同經營個人事業。經過幾年的奮鬥，「丹芳仙草」在松山、南港區一帶已經小有知名度，於是王先生靜極思動的於90年9月11日在虎林街開了第二家分店，不料沒幾天卻發生納莉颱風狂淹台北城的事件，由於造成捷運停擺，頓時營運陷入停滯狀態，看來買氣還是需要捷運的帶動吧！

心路歷程

　　「丹芳仙草」的招牌仙草初入口時，一陣陣的仙草味，的確讓人印象十分深刻，不過就連相當愛吃仙草的我，第一口下嚥，的確會有種奇怪的感覺：「這種仙草是怎麼一回事？」可想而知，當初王先生賣這麼純的仙草，肯定受到不少客人的質疑，像是王先生所製作的仙草顏色偏褐，比較清澈，於是有些客人硬是一口咬定王先生肯定是在仙草之中多摻雜不少水分：因為不加鹼粉，

▲ 老闆工作中情形

質地精純，所以燒仙草的味道也沒有別家來得夠甜，不過他都會十分細心的向客人介紹及解釋，再加上王先生也十分虛心接受客人的建議，秉持著「會嫌的客人才會再上門」，從一個門外漢開始經營小吃生意，他總是將每一個客人當成自己的子女，像是虎林街的新店面位於路衝，他便細心的在店面張貼標語，提醒路上行人和車輛，十分溫馨的作法，當然也會博取附近住家或是行人的好感，對「丹芳仙草」留下深刻印象。

　　不過王先生說熬煮仙草的時間長，而且為了控制品質，一定

得在旁邊盯著，雙手還得不停的搖動，又熱手又酸，十分耗費時間與體力，可是王先生還是對虎林街的新店充滿期望，他認為有個空間，便可以趁機落實許多在心中醞釀許久的理念，除了讓「丹芳仙草」的名氣愈來愈大，或許他也相當希望將這種純正健康的仙草口味推廣給更多的大眾知道吧！

開業齊步走

攤位如何命名

一旦作出信心來，王先生也希望他幾年來的研究沒有白費，因此以「祖傳秘方，傳家口味」的信心自詡與宣傳訴求，以「丹芳」為名，就是標榜他的招牌仙草在熬製過程當中，同義於古時候費時費力的煉丹方式，且絕對是陣陣芳香，引人入味。

地點選擇

在虎林街的分店，王先生便是看中這裡距離饒河街觀光夜市並不遠，能夠先吸引一些原本住在這一帶的老顧客上門，而在虎林街一帶，住家密集度頗高，鄰近松德路又是不少的辦公大樓；再加上店面緊鄰路邊，停車方便，同時捷運出口近在咫尺，不像經營路邊攤，光是食材的運送和水電的接輸，就感到相當不方便。

租金

　　王先生雖不方便透露每月租金的支付，但若是加上裝潢的費用，他大約花了有50萬之譜；他認為租金的多寡一定和地點有關，因此作生意除了考量交通方便，倘若周邊有一些不可抗力的缺點，也可以盡量使用人為的智慧來排除這些主觀條件。

▲ 丹芳仙草店面景觀

人手

　　目前在虎林街的店面，由於還無法看出真正的營業狀況好壞，因此每天營業就由一位人手負責，當然王先生一有空也會到這裡來幫忙與觀察營業狀況。而由於饒河街的店面已經是老字號，客人也相當多，因此王先生就以2位正職人員和一位假日工讀生來輪班，合作無間也已經2年多的時間。

硬體成本

　　一個隔水加熱的內外鍋用來熬煮仙草葉，而製作好的純正仙草絕對需要適度的冷藏，再加上一些周邊的瑣碎用品，例如湯杓、瓦斯爐、紙杯、塑膠袋，以及用來裝硬花生的密封罐等，都是不可或缺的相關設備。王先生建議新手可到環河南路一帶與中正橋沿邊的店家，盡量比較新品與中古貨的不同，再根據個人的需要和預算來選擇合適的攤車設備。一般來說，攤車的選擇又以不銹鋼的材質（編號304和316）最佳。

客層調查 ●●●●●●●●●●●●●●●●●●●●●●●●●●

　　王先生花了3年的時間才讓這種十分純正的燒仙草廣為消費大眾所接受，而平常來消費的顧客就以一些年輕小姐或是歐巴桑為主，因為仙草具有降火氣的藥效，因此常來上一杯絕對有益無害。而有些客人甚至三不五時就來店報到，似乎已經成了像吃飯睡覺一般自然的習慣，像是虎林街的店面才成立不久，根據每天顧店的阿姨說，有一對夫妻每天晚上一定來這裡喝上一杯仙草，和老闆聊聊天之後再回到內湖的家，到目前為止從無間斷。

丹芳仙草

人氣項目 ●●●●●●●●●●●●●●●●●●●●●●●●●●

　　夏天喝涼水，冬天多進補，就算是經營甜品生意也不脫出這樣的法則，在令人汗如雨下的炎炎夏日，粉圓仙草冰總是最受客人的喜愛，熬得透Q的粉圓，加上清香十分的仙草凍剉冰，在大快朵頤一番之後，肯定暑氣頓時全消；

不過當冷颼颼的冬天來臨，在這個時候來上一杯熱騰騰的綜合燒仙草，加上粉圓、紅豆或是硬花生，都別有滋味，而且熱氣迅速流竄，通體舒暢的盡興感覺也不過如此吧！而且王先生並特別強調「丹芳仙草」所熬製的燒仙草，不論放多久都不會凝固成凍，所以就算客人外帶，從此也不必急急忙忙的趕路回家才能喝到甜熱的仙草蜜了。

營業狀況

　　在饒河街的總店由於已經有了幾年歷史，因此客層來源十分穩定，就連許多學生族群也都知道「丹芳仙草」的鼎鼎大名，而且每到熱鬧的選舉期間，人潮往來不斷的夜市往往是候選人兵家必爭之地，像是馬英九、宋楚瑜先生當初在拉票的時候，也都曾經光臨過王先生的店裏；而在繁華熱鬧的夜市逛累了，先停下來買一杯仙草，再邊走邊喝，豈不快活！因此約有7成顧客都以外帶食用為主。不過虎林街的店面才剛成立，一切都還有待進入穩定的營業軌道。以前一陣子捷運因颱風之故尚未通車至此為例，大部份都是一些在附近工作或是居住的顧客會來不定時光顧，不過到了傍晚以後，很多家庭主婦或是職業婦女，都會來這裡買上一杯仙草楂或是燒仙草，既有助於飯後消化，而且還可藉著養顏美容的說詞，喝上一杯可口的甜點。

未來計畫

　　雖然王先生已經有了一些經營小吃生意的經驗，不過風風光光的開張了第二家店後，王先生仍不敢掉以輕心，目前希望捷運板南線全線通車後真能使景氣快速恢復，有助於人潮的成長和流動，屆時也才能真正看出虎林街這家新店面的實力如何。

製・作・方・法

丹芳仙草

度小月

1. 洗淨仙草根以熱水熬煮
2. 過濾仙草汁中雜質後等量置放鍋中
3. 加入糖水及凝固劑熬煮
4. 不停攪動仙草汁讓糖水及凝固劑平均
5. 仙草汁成品

6. 仙草汁加入些許太白粉攪拌勾芡

7. 取適量仙草汁於鍋中加熱

8. 加入些許砂糖增加甜味

9. 倒入硬花生於空容器後淋上燒仙草汁

10. 燒仙草成品

項 目	數 字	說 說 話
◆ 開業年數	9 年	
◆ 開業資金	約 50 萬元	以虎林街店面的開張相關費用來估計
◆ 月租金	無	不方便透露,但租金加上裝潢約 50 萬
◆ 人手數	3 人	饒河店2位(假日會多請1位工讀生),虎林店 1 位,負責賣場招呼及簡單的甜品補充製作
◆ 座位數	約 30 人	
◆ 平均每日來客數	300 人	2 家店合計
◆ 平均日營業額	約 10,500 元	2 家店合計
◆ 每日進貨成本	約 2,500 元	2 家店合計
◆ 平均每日淨利	約 8,000 元	2 家店合計
◆ 平均每月來客數	約 9,000 人	2 家店合計
◆ 營業時間	10:30a.m.~10:30p.m.	
◆ 每月營業天數	約 30 天	
◆ 公休日	無	假日照常營業

老闆給菜鳥的話

▲ 老闆王啓光先生

王先生認為小吃生意也需要懂得一些商業行銷的手腕，他建議有志從事小吃生意的人，必須在商品特色上與一般商家有所區分，而銷售態度的好壞當然也關係著顧客上門次數的多寡；至於廣告宣傳，有機會多多促銷個人的招牌當然也是一種讓營業額成長的利器，不過作廣告並不一定代表要花錢，像王先生在店面門口製作的貼心小標語就足以讓顧客留下良好的印象。而在冰品生意的成本控制上，商品單價絕對不可高於35元，而除掉人事和雜項等費用的進貨成本，更是應該控制在25%以內，才有利潤可圖的空間。

美味DIY

材料

1. 仙草干
2. 清水
3. 太白粉
4. 乾花生
5. 綠豆
6. 紅豆

▲ 仙草汁、粉圓、紅豆、花生等配料食材

哪裡買、多少錢

　　王先生目前是和新竹一帶的仙草栽種農家合作，整株的天然仙草葉都可以依照個人喜好來熬煮食用，選購的時候，葉子夠大才能夠熬出好味道；而且王先生說其實目前台灣地區所生產的仙草干品質，已經相當有水準了，像一般在市面上所充斥的大陸和巴西進口仙草，其實在品質上只不過爾爾罷了。不過仙草干通常只有在端午節時才會在市場上出現，因此一般人不易購買，在中秋節時採收的仙草干，也都需要置放半年到一年左右的時間，在濕度經過嚴密控制的情形之下，就像好酒一樣，絕對是愈陳愈香。

價錢一覽表

項　目	份　量	價　錢
仙草干	50 斤（1 捆）	約 170 元

製作步驟

1.前製處理

仙草汁

(1) 仔細除去根部泥土後洗淨。

(2) 1斤仙草干加入10斤水、1斤糖，並加入少許太白粉苟芡，以中火熬煮約 2 小時。並且需不時翻動仙草干，藉以均勻散發仙草汁。

(3) 仙草汁過濾雜質。

2.後製處理

燒仙草

(1) 取適量仙草汁以中火加熱。

(2) 加入一匙太白粉芶芡。

(3) 攪拌均勻後熄火，並依個人喜好加入配料。

純正仙草干製作，不含鹼、不加糖，清淡口感不甜膩。

你也可以加盟

還在努力擴大事業版圖的王先生，目前依舊和母親分工合作經營簡單小吃生意，因此還不打算貿然嘗試目前十分熱門的加盟事業：不過有心從事燒仙草小吃的生意人，或許可以先從研究王先生的商品做起。誠如他所建議，從商品特色來發展個人小吃事業的第一步，就算沒有一炮而紅的奇蹟，不過肯定內行的食客早晚會肯定老闆的十足用心。

丹芳仙草

美味見證 ●●●●●●●●●●●●●●●●●●●●●●●●●●●●●●●●●●●●●

陳先生（會計師）：

　　奉老婆大人的命令來這裡外帶，說是多吃仙草可以降火氣，尿液也不會呈現異常的黃色；再加上這裡的仙草是百分之百的仙草干熬煮而成，所以在口中都可以感覺到芳香的草根味，是絕對的健康飲品。

美味 DIY 小心得

MEMO

萬香齋台南米糕

一方飲食齋

四海滿知音

精緻小菜樣樣美味

讚不絕口筷子停不了

萬香齋台南米糕

INFORMATION

◆ 店齡：10 年老味
◆ 老闆：卓季禾先生
◆ 年齡：66 歲
◆ 創業資本：約 10 萬元
◆ 每月營業額：約 62 萬元
◆ 每月淨賺額：約 37 萬元

社教館
八德路
敦化北路
延吉街
萬香齋台南米糕
市民大道

◆ 產品利潤：6 成
◆ 營業地點：台北市延吉街 30 巷口
◆ 營業時間：11:30a.m.～3:00p.m.
　　　　　　4:30p.m.～9:00p.m.
◆ 聯絡方式： (02) 25776965

美味 紅不讓	★★★★★	特色 紅不讓	★★★★★
人氣 紅不讓	★★★★☆	地點 紅不讓	★★★★★
服務 紅不讓	★★★★★	名氣 紅不讓	★★★☆☆
便宜 紅不讓	★★★★☆	衛生 紅不讓	★★★★☆

　　台南米糕應該就跟蝦捲、鱔魚意麵、棺材板、擔仔麵一樣，在台南當地不但是相當有名的小吃，而且更是讓外地遊客印象深刻的美味小吃。不過我周遭的台南友人，卻不常有人會提起這道美食，因此也很少會刻意向我們這些非台南的在地朋友推薦。這一次能夠採訪到這家十分道地的台南米糕店，還得特別感謝「黑

輪伯米粉湯」的老闆邱先生特別介紹，而當我嘗過了卓先生和卓太太所用心製作的幾種精美料理之後，我覺得萬分榮幸，能夠成為採訪他們小吃店的第一位。

話說從前

　　「萬香齋」的老闆卓先生十分好福氣，娶了一個十分喜歡做菜也相當會料理的好太太；因此本來只是個美術老師的他，就在卓太太聰明伶俐的學會正統的台南米糕作法之後，才開始經營這家小吃店；至於能夠因緣際會的學到台南米糕的傳統作法，似乎一切都是天注定！籍貫台中人的卓先生，有一個手藝相當好的台南朋友，可惜他這個朋友相當好賭，而運氣又不是太好，每回賭輸了沒得付錢，就以自己的一身好手藝來交換；卓太太也就因此不花一毛錢的學到了台南米糕的作法，可說是相當傳奇吧！

　　對於做菜十分有天賦的卓太太，在學到了最基礎的米糕料理技術之後，憑著她個人的研究，在品質和口味上加以改良；卓先生在品嘗過之後，也認為這門小吃大有可為，也因此興致勃勃順水推舟的開始經營小吃生意。「萬香齋」的米糕好吃，是因為完全遵循古法的烹調技術以及配料，因此就連許多吃慣道地台南米糕的台南人，對於「萬香齋」米糕的特殊口味十分驚豔，一試之後從此上癮，據說有一位老先生每次上台北來，總要買上一個月份量的米糕，然後放在冷凍庫裡，留待每天慢慢品嚐呢！

萬香齋台南米糕

心路歷程

　　米糕好吃，可是當中的熬製過程卻相當不簡單，卓先生堅持使用最好的材料來製作料理、供應客人。而其中又以用來拌飯的肉燥最是讓卓先生夫妻大大引以為傲的精華，光是滷肉燥就需要花上３種步驟，因此才能滷出香氣襲人、鹹淡適中的肉燥，而且完全沒有滷包慣有的中藥味，相當特別。

　　既然賣的是台灣米糕，卓先生肯定要到台南當地吃吃看，當然最後的結論還是以「萬香齋」的米糕最具有古早味特色。卓先生認為現在台南地區的米糕店，由於省略從前繁複的烹調方式，不按照古法來

▲ 卓先生工作情形

製作，所以也無法忠於原味；而「萬香齋」不但拉…拉走了不少台南人的心，許多在台南當地經營米糕小吃生意的老闆，也都聽說台北有這麼一家專賣正統台南米糕的小吃店，也都曾經光顧店裡試吃過。靠著這樣的口碑相傳，十年來「萬香齋」的生意十分穩定，而卓氏夫婦也和許多客人成為生意之外的好朋友，其中還不乏台灣演藝圈的老大哥——陳松勇先生。不過卓先生和卓太太在平日雖然忙著做生意，他們卻是十分堅持每周必須要有一個屬

於全家人共處的休閒假日，因此一般人在生意最好的星期天，通常都不會捨得放棄多賺幾筆生意的機會；可是卓先生夫妻卻總是在這一天騰出空來，陪陪家中的小兒子，一家人四處走走散散心，若要說人生有多麼志得意滿，也莫過於卓先生如此在家庭與事業當中和樂融融、名利雙收吧！

開業齊步走

攤位如何命名

昔日「萬香齋」是卓先生的祖父所經營糕餅店的招牌名稱，據說店中所傳出來的糕餅香味往往讓路人禁不住進來光顧，而一股思古幽情讓卓先生沿用了這個具有歷史意義的名稱，不過在街角一隅，卓先生只是利用一個不太明顯的招牌，讓過路人知道這裡有一家專賣台南米糕的小吃店。

地點選擇

當初卓先生開業時也沒想那麼多，碰巧在延吉街的現址有一個店面出租，他們便租了下來做生意，10年來都沒有搬過家，不過由於鄰近台視和華視，從前在電視圈的景氣十分蓬勃發展之時，許多藝人都會在夜班收工之後來這裡吃一頓宵夜，也因此讓卓先生和孫越、陳松勇先生這些硬底子的老演員，也都成了不錯的朋友。

租金

在這裡做了 10 年小吃生意,卓先生和房東也多少有點交情。目前在這個坪數不算大的長方形店面營業,卓先生每個月的房租支出大約在 4 萬元左右,不過卓先生和房東的契約打得很長,每次承租就是 8 年的時間,所以房租比起附近的其他店面當然也較為便宜。

▲ 萬香齋店面景觀

硬體成本

幾年前卓先生曾經將店面重新裝潢成如今的風貌,不論是視覺上的設計、店裡的桌椅擺設、營業必須使用的攤車與相關的硬體設備,都由他一手規劃設計,還有在牆上懸掛著卓先生自題的風雅字畫,在繁華的延吉街道中,十分獨樹一幟;古意且風情十足,簡單而特殊的DIY,花了50萬元就搞定了所有的必須行頭。卓先生還特地請人介紹了一個宜蘭來的師傅,為放置米糕的鍋子訂製了竹蒸籠當作留住糯米水分的罩蓋。

人手

從前卓先生曾經打算將所有的製作方式教給一個他十分信任的打工學生,可惜後來這名工讀生想自行創業,因此沒能了一個卓先生開分店的心願;現在卓先生夫妻兩人齊心協力的經營這個小吃店面,在非用餐時間,就由夫妻兩人輪流,獨力的招呼客人,而到了十分忙碌的用餐時間,通常可以見到卓先生夫妻忙得不可開交,不過卻是相當動人的夫唱婦隨畫面。

客層調查

　　雖然延吉街一帶住家不少，但以勤儉的客家人居多；而這附近的上班族，也不完全是卓先生的主要客層，反而有許多從樹林、天母、內湖一帶的食客風塵僕僕來到這裡，一嘗這裡每一種都美味的不得了的食物；此外，鄰近的銀行、市議會以及電視台，都會常常大量向「萬香齋」訂購餐點當作宵夜。

人氣項目

　　當初卓家夫妻一開始做生意，除了米糕之外，就以同樣道地的四神湯來供應客人。後來由於有些客人反應吃不慣米糕的黏膩，因此卓先生夫妻才逐漸開發了其他菜單。目前除了台南米糕和四神湯最受歡迎，卓先生個人也十分推薦卓太太個人爐火純青的料理之一──紅油餛飩。喜歡作料理的卓太太，還擁有專業的廚師執照，紅油餛飩則是她精心研究的其中一道美味料理，酸辣適中的紅油底，搭配不老不油的餛飩內餡，和市面上一般的紅油餛飩絕對是大異其趣的好吃口感，來到這裡的內行人，都一定要點上一碗呢！

▲ 萬香齋招牌料理：台南米糕(左下)、
　四神湯(中上)、紅油抄手(右下)

營業狀況 ●●●●●●●●●●●●●●●●●●●●●●●●●●●●●

　　10年來卓先生與卓太太堅持使用上等材料來製作所有料理，不過物換星移，「萬香齋」在10年的營業生涯當中從來沒有調高過價錢，卓先生並非害怕客層因此有所流失，基於好東西與好朋友分享的心態，卓先生夫妻完全將小吃事業當成興趣來經營，不過他也強調絕不受客人左右，一旦食材成本無法和實際收益平衡，他也會依據公平法則來調高價錢。「萬香齋」營業的尖峰時段，以午後1至2點與晚上6至8點之間生意最好，客人雖然不是一次蜂擁而至，不過也是一個接著一個的源源不絕，這時候卓老闆就算想要停下來歇口氣和老客人聊聊，都難得有空。

未來計畫 ●●●●●●●●●●●●●●●●●●●●●●●●●●●●●

　　許多老主顧曾經試著說服卓先生到大陸或是海外其他地方開連鎖分店，甚至還有人開出百萬高價要與他合夥，不過目前礙於景氣不佳，加上人手不足，卓先生暫時擱下了這樣的考量，未來是否拓展營業據點或是擴大營業規模，一切隨緣；不過畢竟是恬靜文人的性格，卓先生認為一個人一生能夠賺到多少錢都是命中注定，反而是活著快樂比較重要，因此對他來說，只是有妻有子，就一切萬事足了。

製・作・方・法

萬香齋台南米糕

1. 洗淨糯米後蒸煮至熟
2. 置入竹製蒸籠內以留住糯米水分
3. 以醬油、絞碎豬肉製作肉燥
4. 盛裝適量糯米飯
5. 淋上適量肉燥入味

6. 灑上適量魚鬆配料

7. 加入事先醃製完成的小
　黃瓜

8. 加入少許花生配料

9. 正宗台南米糕成品

數・字・會・說・話

項　　目	數　　字	說　說　話
◆ 開業年數	10 年	道地口味，絕對不簡單
◆ 開業資金	約 10 萬元	只以簡單的硬體設備與食材價錢估計
◆ 月租金	約 4 萬元	長期契約的優惠價
◆ 人手數	2 人	卓先生與太太
◆ 座位數	約 30 人	裝潢相當別緻，氣氛也很自在
◆ 平均每日來客數	約 150 人	約略估計
◆ 平均每日營業額	約 25,000 元	約略估計
◆ 平均每日進貨成本	約 7,500 元	約略估計
◆ 平均每日淨賺額	約 15,000 元	約略估計
◆ 平均每月來客數	約 3,750 人	約略估計
◆ 平均每月營業額	約 625,000 元	
◆ 平均每月進貨成本	約 187,500 元	
◆ 平均每月淨賺額	約 375,000 元	
◆ 營業時間	11:30a.m.～3:00p.m. 4:30p.m.～9:00p.m.	
◆ 每月營業天數	約 25 天	
◆ 公休日	每週日	

老闆給菜鳥的話

▲ 老闆卓季禾先生

卓先生認為經營小吃生意也跟從事其他工作一樣，不但在自己的工作崗位上要有所堅持，同時在自己的工作內容方面也要精益求精，每一種小吃都有它特別的道地口味，因此端賴老闆們堅持忠於原味，才能讓顧客品嚐到上等料理；而隨著時代進步或是變遷，在材料的選擇和口味的調配上，也要時常研究改進，才不會愈做愈退步，一旦被客人發現不用心，對於商家信譽大打折扣，絕對是最大的傷害。

美味DIY

材料

1. 糯米（尖頭）
2. 豬肉
3. 小黃瓜
4. 東港魚鬆
5. 醬油
6. 糖
7. 鹽
8. 白醋

哪裡買、多少錢 ●●●●●●●●●●●●●●●●●●

　　卓先生找的是一般肉商，他向來挑剔品質，不過卻是個好主顧；他要求上等食材，不過絕不講價，因此和肉商合作也有10年的時間；而使用東港魚鬆也是經過百般研究之後，覺得配合米糕的口感要比使用旗魚鬆來得強。其實這些食材都可以由老闆自行挑選合適的配合廠商，還可以獲得送貨到府的服務。

價錢一覽表 ●●●●●●●●●●●●●●●●●●●●

項　　目	份　　量	價　　錢
糯米	1斤	約30或40元（冬季、過節較貴）
豬肉	1斤	約40元
小黃瓜	1斤	約80元
東港魚鬆	1包（5斤）	約85元
醬油	4公斤	140元
糖	50公斤	865元
鹽	1箱(24包)	約335元
白醋	1瓶	180元

製作步驟

1.前製處理

米糕

(1) 將糯米洗淨。

(2) 放入蒸籠中蒸煮約半小時。

(3) 放置蒸籠內保溫,以免水分流失。

小黃瓜

(1) 將小黃瓜洗淨。

(2) 以糖、鹽、白醋適量調味。

(3) 小黃瓜淋上調味料,並以手搓揉藉以除去菜味,
　　可使小黃瓜口感既脆且軟。

2.後製處理

肉燥

(1) 豬肉切碎。

(2) 加入醬油及滷包熬製成肉燥(步驟重複3次)。

(3) 盛適量米糕,淋上肉燥,加上切片小黃瓜與東港魚鬆即可。

獨家撇步

　　道地的肉燥是台南米糕的靈魂所在,也是卓老闆夫婦在準備
食材過程當中,最為辛苦的一道步驟。

你也可以加盟

　　本來打算將所有烹飪技術交給從前卓先生所信任的工讀幫
手,可惜對方卻志不在此;加上目前的景氣蕭條,因此卓先生打
算先觀望一陣子之後再決定未來的計劃。不過完全靠口碑來建立
業績和達到宣傳效果的「萬香齋」,實在有其中難以言喻的魅力
所在,也難怪「萬香齋」的老顧客,依舊能夠數十年如一日的百
般捧場了。

美味見證 ●●●●●●●●●●●●●●●●●●●●●●●●●●●●

張小姐（工程顧問）：

　　這裡的每一種食物都十分道地，尤其是魯蛋也用肉燥來滷出味道，十分入味，還有紅油餛飩也十分好吃；這裡的食物我已經吃了快10年了，總覺得老闆所料理的口感就是特別好，而且用餐的店面也相當乾淨，所以我時常在下班回家之前都會繞道這裡來外帶一些東西回家吃。

美味 **DIY** 小心得

MEMO

昌吉紅燒鰻

人人爭相走報

古早味紅燒鰻

樣樣現代經營

模範小吃企業

昌吉紅燒鰻

INFORMATION

◆ 店齡：43 年老味

◆ 老闆：張根藤先生

◆ 年齡：42 歲

◆ 創業資本：5 萬元

◆ 每月營業額：約 150 萬元

民族西路

承德路三段

大龍街　昌吉紅燒鰻

昌吉街

民權西路　三德飯店

◆ 每月淨賺額：約 30 萬元

◆ 產品利潤：2 成(老闆保守說，據專家實際評估約 3 至 4 成)

◆ 營業地點：台北市昌吉街 51 號

◆ 營業時間：9:30a.m.～12:00a.m.

◆ 聯絡方式： (02) 25927085

美味 紅不讓 ★★★★★	特色 紅不讓 ★★★★★
人氣 紅不讓 ★★★★★	地點 紅不讓 ★★★★
服務 紅不讓 ★★★★★	名氣 紅不讓 ★★★★★
便宜 紅不讓 ★★★★★	衛生 紅不讓 ★★★★

　　日本的鰻魚飯是有名的不得了，因此一般人或許就以為鰻魚料理只有向來講究美食的日本人，才真正懂得如何料理出鮮美口味；不過在台北市絕對是赫赫有名的「昌吉紅燒鰻」，卻是將祖先的烹飪智慧衷心傳承，並且發揚光大，成了美食老饕們一而再再而三口耳推薦的最靚美食地點，也算是台灣小吃料理企業化經營的佼佼代表者。

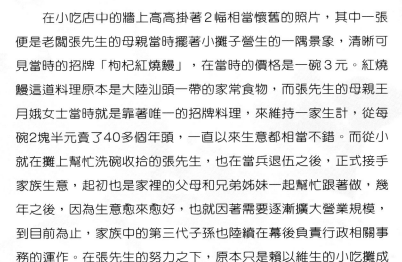

昌吉紅燒鰻

在小吃店中的牆上高高掛著2幅相當懷舊的照片，其中一張便是老闆張先生的母親當時擺著小攤子營生的一隅景象，清晰可見當時的招牌「枸杞紅燒鰻」，在當時的價格是一碗3元。紅燒鰻這道料理原本是大陸汕頭一帶的家常食物，而張先生的母親王月娥女士當時就是靠著唯一的招牌料理，來維持一家生計，從每碗2塊半元賣了40多個年頭，一直以來生意都相當不錯。而從小就在攤上幫忙洗碗收拾的張先生，也在當兵退伍之後，正式接手家族生意，起初也是家裡的父母和兄弟姊妹一起幫忙跟著做，幾年之後，因為生意愈來愈好，也就因著需要逐漸擴大營業規模，到目前為止，家族中的第三代子孫也陸續在幕後負責行政相關事務的運作。在張先生的努力之下，原本只是賴以維生的小吃攤成

為光宗耀祖的輝煌成就。不過至今張先生還是一切以手工製作為主，而原本的汕頭口味也在他不斷的改良之下，讓吃過的台灣人個個讚不絕口。而且張先生的紅燒鰻早在民國七○年代，當美食報導尚未完全盛行之際，就已經獲得當時

幾個大報的青睞，分別做了相關報導。且張先生當時也接受了自立晚報的專訪，民國76年刊出報導之時，自立晚報的定位以反動政府的言論為主，而至今張先生還將這篇相關報導放大裱框掛在店中：物換星移，如今自立晚報已經停刊，反倒是當消費的顧客上門一眼望去時，成了一種特殊的紀念。

心路歷程

張先生一步一腳印的達成今日的成就，或許因為生意的需要，他時常到大陸或是南洋一帶研究相關的食材，因此若是談起他的紅燒鰻有著什麼樣的特色，他都可以滔滔不絕的解說，讓人相當佩服他的用心和專業。由於張先生所需要的鰻魚數量相當龐大，並不亞於一般的大型餐廳供應，因此他早就和相關的漁獲工廠簽下一紙年約，漁獲來源以巴基斯坦的黃鰻和南中國海的青鰻為主，而這２種鰻魚也是他所認為的

▲ 張先生及工作人員的工作情形

最佳品種，同時他只供應年齡長達５歲以上的鰻魚，恰到好處的成熟魚肉，咬勁十足，當然鮮美的口感品質也不在話下；在處理過程上，他至今依舊使用手工製作方式，不論從醃製、攪拌和油炸等技術都以大量的人工來運作。其他像是湯頭的用料，同樣是大量批發買進的上等中藥，並且還調配了去油脂的特殊配方，十

分符合現代人講究健康養生的藥膳概念；就連店上所使用的辣椒醬，也是相當道地的四川口味，而內部廚房的清潔衛生他也相當注重，往往在這種環境之下容易孳生老鼠和蟑螂，不過卻也逃不出他的法眼，所以客人在這裡用餐可是絕對安心。而張先生認為「昌吉紅燒鰻」完全遵循古法所調配的傳統口味，除了讓他的生意處處有口碑，而他個人也是相當驕傲這種獨一無二的特色。

開業齊步走

攤位如何命名

　　因為就位在昌吉街上，所以順水推舟的以街道名稱命名，不過由於在註冊商標的登記上有所困難，而且店名也只是一種代表性的符號，一般的老客人都會認得他的口味而常常登門報到。

地點選擇

　　在張先生母親做生意的那個時代，昌吉街和蘭州街一帶交叉之處，原本被稱為「豬屠口」，當時都是一些從事豬宰行業的勞動階層在這裡營生；當初張先生的母親原本只是擺個小攤子在此營生餬口，沒想到在張先生這一代卻發揚光大，目前已經成了昌吉街有名的招牌小吃之一。

租金

據說以前這一帶是國民住宅，十幾年前改建之時將目前的店面買了下來，這家店目前是張先生所持有，因此不需要房租的額外花費，而他在八里還另外設有一個中央廚房工廠，廠內人手除了負責鰻魚的處理製作部分，許多來自公司行號的大量訂購也多半由這裡完成後送出。不過在昌吉街上儘管也是各種小吃密集供應，不過都是以店面的形式經營，因此租金也都在數萬元上下的空間。

硬體設備

在負責料理油炸鰻魚的廚房中，所需要的不外乎抽油煙機和視份量需要所具備的大型油鍋；另外分別以中等的不銹鋼盆來裝盛已經油炸過的各部位鰻魚；而賣場上所使用的攤車，則是需要一些瓦斯加熱設備來保持食物的溫熱品質，林林總總相加，目前張先生的店內設備大約的價值在 100 萬上下，不過他建議若是新手開業，大約也得準備 30 萬元左右的資本才足夠。

人手

目前張先生總共聘請了大約60位左右的工作人員，同時在八里工廠和昌吉街的賣場幫助他經營生意。由於工作十分忙碌，員工都認為在這裡工作的時間其實一下就過去了，再加上張先生從來不硬性規定員工的職務劃分，因此這裡的員工都可以視個人的興趣和需要在不同的部門之間輪調，也因此可以學習完整的紅燒鰻製作技術；而張先生也十分負責的為所有員工加保應該的保險：勞保、健保和200萬的團體保險，在這樣的環境中工作相當令人放心而愉快。

客層調查 ●●●●●●●●●●●●●●●●

　　紅燒鰻這種小吃可說是老少咸宜，在這裡的員工每天都會根據上門消費的客層作鉅細靡遺的統計，為的是評估消費客人的口味喜好和供應數量，而且許多客人總是每天上門報到，連一些政商名人也都毫無例外。張先生說有一陣子洪文棟先生總是會在一早帶著他的夫人楊麗花女士來品嚐，颱風下雨毫無例外；而其他像是小美冰淇淋和新光集團的負責人、民進黨前主席黃信介、現任台北市長馬英九先生，以及總統夫人吳淑珍女士，也都是司空見慣的常客，至於卸任的李登輝前總統和現任的陳水扁總統的光顧，說起來也算是一種黃袍加身的肯定榮耀了。

人氣項目 ●●●●●●●●●●●●●●●●

　　除了紅燒鰻之外，店裡還另外販賣炒米粉和魚卵，不過這三種食物完全無法分別高下，同樣受到客人的歡迎，每天所準備的新鮮魚卵，到了晚上一定賣個精光，從無例外；而炒米粉的歷史可說是更為悠久，早在50年前，張先生的母親就以炒米粉和肉羹的小吃營生，所以味道有多好，早就不在話下。不過張先生也是以他認為最好的越南米粉供應給客人，進口再來米的製作，使得米粉口感滑Q順口，絕對的美味。至於招牌紅燒鰻的供應，服務人員往往都會根據消費顧客的年齡來提供合適口感的部位，像是魚鰭和魚尾由於活動量大，所以肉質最為細膩，魚背少刺，又富含膠質，而且食用鰻魚還可以整治胃病，鰻魚油更可以降低膽固醇，好處可是講不完哩！因此由張老闆指導過的內行客人往往都會指定部位食用，大快朵頤一番呢！

營業狀況 ●●●●●●●●●●●●●●●●●●●●●●●●●

　　由於承德路上有許多日本相關企業，所以許多日本人也都會不定時來到這裡捧場，而許多公家機關和附近軍營都會大量訂購，目前可說是「昌吉紅燒鰻」的主要收入來源。反而是每天上門光臨的消費者，儘管車水馬龍、絡繹不絕，張先生說這些人都只能是做是散客看待，天啊！光是用想像就可以知道他的生意作得有多麼大了。面臨來來去去這麼多客人，張先生還因此投保了產品責任險，不但保證消費者吃得安心放心，若是不小心在食用上發生什麼意外傷害，屆時也都會由保險來理賠。

未來計畫 ●●●●●●●●●●●●●●●

　　「昌吉紅燒鰻」這麼有名，怎麼不多開幾家分店增加營收呢？因為由於鰻魚的供應量在目前畢竟有限，因此張先生目前的鰻魚是以漁獲用來供應這家店的使用，才勉強足夠。當台灣正式加入ＷＴＯ經貿組織，當然在市場會進一步開放之後，張先生也會將市場版圖拓展到台北市或者是台灣各地，和更多的美食老饕們分享。

▲ 萬香齋店面景觀

製・作・方・法

昌吉紅燒鰻

專家教你這樣做

1. 經過紅酒糟醃製及油炸後的紅燒鰻半成品：魚頭、魚身、魚尾、魚卵

2. 湯頭所使用的高麗菜及炒米粉所使用的豆芽配菜

3. 湯頭材料：當歸、川芎、肉桂、油蔥酥、蒜泥、特製辣椒醬

4. 加入中藥材至熱水中

5. 過濾中藥湯頭

6. 將欲食用的紅燒鰻部位
   加入湯底中

7. 加入切碎洗淨的高麗菜

8. 加入少許米酒調味

9. 待紅燒鰻及高麗菜加熱
   後即可撈起食用

10. 紅燒鰻成品

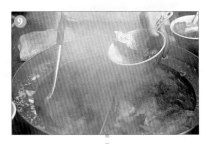

數・字・會・說・話

項　　目	數　字	說　說　話
◆ 開業年數	43 年	世代傳承
◆ 開業資金	約 30 萬元	由於年代實在久遠，當初的開業資金當然無法算數，不過根據張先生的估計，若是在基本設備和材料成本上的花費，絕對不可能低於這個數字
◆ 月租金	無	個人持有
◆ 人手數	約 60 位	包含八里工廠的所有人手，店內人手不論用餐時段巔峰與否，大約在 10 人左右提供服務
◆ 座位數	約 50 位	
◆ 平均每日來客數	約 500 位	
◆ 平均每月營業額	約 1,500,000 元	
◆ 平均每月進貨成本	約 50,000 元	
◆ 平均每月淨利	約 300,000 元	
◆ 平均每月來客數	約 15,000 位	不包含大量訂購等機關團體
◆ 營業時間	9:30a.m.～ 12:00a.m.(隔日)	
◆ 每月營業天數	約 30 天	
◆ 公休日	無	農曆年休除夕至初五共 6 天

老闆給菜鳥的話

▲ 昌吉紅燒鰻老闆張

以張先生的成功經驗論，他認為小吃業者所提供的食材必須要迎合市場偏好的口味需求，根據消費者的喜好來加以研究改良，而且和消費者之間的互動也相當重要，如此才不至於和時代脫節，也才能夠時時進一步掌握成功的要領。不過他也認為目前的小吃市場其實不好經營，或許是因為美食報導的大行其道，因此部分消費者會有所依據而當成一種品牌上的認知，因此要能夠突破一般消費者對於陌生小吃攤的心防，也是一門技巧。

美味DIY

材料

1. 鰻魚
2. 中藥香料（當歸、川芎、枸杞、八角）
3. 調味料（紅酒糟、醬油、胡椒、鹽）
4. 大蒜
5. 紅蔥頭
6. 沙拉油

哪裡買、多少錢 ●●●●●●●●●●●●●●●●●●

　　香料及調味料可到迪化街市場選擇自己所需要品牌及口味，
應有盡有，同時因為大量批發也比較便宜；而鰻魚可至一般魚市
場選購，目前以巴基斯坦沿海一帶所捕獲的鰻魚品質最佳。

價錢一覽表 ●●●●●●●●●●●●●●●●●●●●●●

項　目	份　量	價　錢	備　註
鰻魚	1斤	200元	價格不定，通常價格依照產區及產量的差別，在價格上時有波動
紅酒糟	1斤	150元	迪化街上可買到價格便宜的紅酒糟，不過在品質上無法相比
醬油	1桶	140至150元	
胡椒粉	1盒	70至80元	
鹽	24包／1箱	335元	
大蒜	1斤	50元	
紅蔥頭	1斤	30元	
沙拉油	1桶（1,000cc）	350元	

製作步驟 ●●●●●●●●●●●●●●●●●●●●●●●●

1.前製處理

　　(1) 將調味料依照比例醃製鰻魚

　　(2) 以1斤鰻魚為例，所需調味料為紅酒糟2兩、味素和鹽各

▲ **招牌料理：紅燒鰻**(右上)、**魚卵**(左上)、**炒米粉**(右下)及**沾醬**(左下)

昌吉紅燒鰻

1/2 茶匙、糖 1 茶匙、醬油 2 大匙、米酒 1 大匙，醃製時間為半個小時至 1 小時(時間長短視鰻魚切塊的大小而定)

(3) 洗淨後將各部位切塊放入冷藏櫃中低溫醃製

(4) 24小時後加以攪拌藉以入味(同時可排出鰻魚體內水分)

2.後製處理

　　(1) 中藥材熬煮約半小時成高湯底。

　　(2) 鰻魚放入油鍋內以180度高溫油炸至熟透為止。

獨家撇步

在低溫醃製過程中，加入紅酒糟可增加香味，醃製時間愈久，魚肉愈香。

你也可以加盟

　　其實以「昌吉紅燒鰻」的響亮名氣，不論是想要國內加盟或是海外加盟的有心人，可說是不計其數。不過由於漁獲量供應畢竟有限，未來張先生只有開分店的打算，不過他會讓員工全程觀摩紅燒鰻的製作過程，不格外藏私；因此若是真正對於這項小吃有著相當的興趣，張先生十分歡迎你們到店內工作，在未來張先生也會十分願意將分店交給賢能才士來經營。

美味 DIY 小心得

MEMO

黑輪伯米粉湯&
麻辣臭豆腐

一朝一夕的永續經營

一枝草一點露的血汗錢

熱門小吃 e 世代口味

黑輪伯米粉湯&麻辣臭豆腐

INFORMATION

◆ 店齡：15年美味
◆ 老闆：邱幸得先生
◆ 年齡：31歲
◆ 創業資本：約4萬元
◆ 每月營業額：約50萬元
◆ 每月淨賺額：約25萬元

◆ 產品利潤：約5成（老闆保守說，據專家實際評估約7成）
◆ 營業地點：台北市忠孝東路四段181巷內
◆ 營業時間：12:00p.m.～12:00a.m.（隔日）
◆ 聯絡方式：0939508746

美味	紅不讓	★★★★★	特色	紅不讓	★★★★★
人氣	紅不讓	★★★★★	地點	紅不讓	★★★★★
服務	紅不讓	★★★★	名氣	紅不讓	★★★★★
便宜	紅不讓	★★★★★	衛生	紅不讓	★★★

　　我第一次吃到粗粗白白的旗魚米粉湯時，就下意識的喜歡上這種口味。雖然一直到最近我才知道這種米粉的真正稱呼，不過每逢到小吃夜市，我絕對會毫不遲疑的點上一碗米粉湯來嚐嚐，身邊周遭的朋友或是同事也都會「好康到相報」的指引我前往好吃的米粉湯小吃攤過過癮；而「黑輪伯」的米粉湯則是真正讓我眼界大開，發現米粉湯原來有可以有這麼彈性與豐富的加料來變

化。不過我覺得不論每個米粉湯老闆所自豪的口味如何，希望這是一項能夠世世代代傳承下去的台灣小吃，甚至希望將來我的子孫也都能有幸嚐到這般的滋味啊！

除了米粉湯之外，麻辣臭豆腐也是「黑輪伯」的招牌美食。自幾年前隨著麻辣火鍋在大街小巷流行，也有好幾年的時間。雖然如今大家已不再像當初一窩蜂的開起相同性質的小吃店，而至今屹立不搖的，也成了口碑的一定保證。自初次吃到邱老闆賣的麻辣臭豆腐至今，已事隔多年，但仍口齒留香。捨去了一般麻辣湯頭的黏黏膩膩，連辣湯都一飲而盡，尤其在冷颼颼的冬夜之中，更是一種透入心房的溫暖。

話說從前

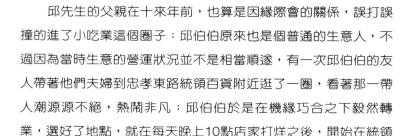

邱先生的父親在十來年前，也算是因緣際會的關係，誤打誤撞的進了小吃業這個圈子；邱伯伯原來也是個普通的生意人，不過因為當時生意的營運狀況並不是相當順遂，有一次邱伯伯的友人帶著他們夫婦到忠孝東路統領百貨附近逛了一圈，看著那一帶人潮源源不絕，熱鬧非凡；邱伯伯於是在機緣巧合之下毅然轉業，選好了地點，就在每天晚上10點店家打烊之後，開始在統領百貨的人行道上作起小吃生意。一直到5年前左右才將小吃攤移到目前的巷內。

其實除了招牌米粉湯之外，他們還有四川味的麻辣臭豆腐，以及賣了超過10年的關東煮，每種料理都各有其擁護者。對台灣小吃相當有研究的邱先生，有一次和朋友下南部辦事兼玩樂，因

地利之便，由朋友的阿嬤招待吃了美味的米粉湯後，沒想到即讓邱先生從此驚為天人，印象極為深刻。回台北之後不久，邱先生又輾轉南下求教，請朋友的祖母一定要指導他這種口味的米粉湯料理。阿嬤的米粉湯為什麼能讓邱先生如此念念不忘？是因為他總算吃到難得而道地的古早味。就在邱先生徹底領悟作法後，再稍加改良後，在5年前重新開業之時，將米粉湯一併加入了原來的小吃經營之中，沒想到竟意外受到女性顧客的歡迎，一舉成為

▲ 黑輪伯與女兒

「黑輪伯」攤上的明星小吃。因為他在看似清清爽爽的米粉湯之中加入了芋頭、肉絲和豆皮等材料，相當有趣吧！對經營生意很有一套的邱先生，認為目前在市面上的米粉湯攤，大都是以油豆腐、豬內臟之類的小菜為主，米粉湯反而成了配角，因此他刻意以逆向操作的方式，在米粉湯上灑上大眾化的佐料，讓消費的客人就像吃八寶粥一般，感覺豐豐富富而心滿意足。

至於麻辣臭豆腐，則是邱先生個人也十分驕傲的另一項得意之作，雖然只是以路邊小吃的方式經營，不過在用料的選擇上相當用心的他，吃過的顧客沒有人不迷上他所特殊調配的口味，保證不輸給大餐廳的精緻美味。

心路歷程

邱先生從十幾歲的時候，就開始在父親的小吃攤幫忙，因此他對於路邊小吃攤總是有一種莫名的情感。他甚至覺得：東區能有今日的繁榮，其實周邊的小吃攤功不可沒，藉由小吃的人潮來帶動逛街的買氣，或許這是一種專業料理人的驕傲吧！當初邱先生曾經嘗試以小規模加盟的形式，將米粉湯的技巧傳授給一對夫妻，讓他們到台中的逢甲商圈一帶經營，沒想到過了一段時間，有次邱先生的朋友經過時，卻發現這對夫妻竟完全沒有按照他的手藝來經營，也擅自改變配料的內容。即使當時這對夫妻的生意不錯，卻讓邱先生相當失望，也因此就依照合約的規定，請他們從此收起攤子，不再仿照邱先生的配方來賣相同的米粉湯。邱先生也曾經做過小吃以外的生意，因此他除了經營目前的小吃攤之外，也懷著相當的雄心壯志，除了希望能夠將父親的小吃理念更將發揚光大，所以他有向外拓點的打算；同時身為客家人的他，說不定在未來還打算一同推出台式和客式的米粉湯，他到現在都還記得小時候的過年圍爐，一定要來上一碗雞湯底的米粉湯，配上香噴噴的蘿蔔糕和韭菜，相當特殊吧！光是聽聽就已經口齒留香呢。

黑輪伯米粉湯&麻辣臭豆腐

在美食節目和報導大行其道之後，來自四面八方的推薦更是讓「黑輪伯」小吃攤聲名大噪。不知道是不是因為寫不下曾採訪過所有媒體的名字，招牌上只是簡略的寫著：「大地電視台」等曾經推薦的字眼；後來甚至連日本的NHK電視台亦遠渡重洋跑來採訪他們的美食！而當然這些報導對於他們的營業有著一定的正面影響，往往就在媒體報導的當月份，就連銷售數字都一下子往上衝了好幾倍之多。

開業齊步走

攤位如何命名 ●●●●●●●●●●●●●●●●●●●●

「黑輪伯」可說是邱先生的爸爸半輩子以來的成就和心血，據說就是因為邱伯伯賣了多年的關東煮而得來的稱號。聽說林強曾經在他某張專輯當中收錄了一首叫做「黑輪伯」的歌，正是因為林強曾經前往品嚐美食時邊和邱伯伯聊天，或許是有感而發，而透過歌曲來記錄邱伯伯前半輩子的經歷，有興趣的人不妨找來聽聽看。由於黑輪伯的小吃在台北地區也有了相當的知名

度，因此邱先生為了未來更寬廣的事業藍圖，早已經先一步將這個名稱註冊，別人可是無法隨便冒用的。

地點選擇 ●●●●●●●●●●●●●●●●●●●●●●●●●

　　早期曾經在統領商圈的人行道上做穩定的宵夜生意出名，到後來因為警察取締的關係，邱先生一家人休息了大約一年的時間再重新出發，目前在頂呱呱炸雞的後巷內做生意，是其中相當受到客人歡迎的小吃攤。

租金 ●●●●●●●●●●

　　在這裡雖完全免租金，不過這一帶的攤販卻讓警察取締得相當兇，每天收到幾張罰單都難以預料了；而有時候如果警察卯起來趕人，常常被迫休息一陣子都是常有的事情。可是由於逛街的人潮和附近的上班族都會認地方解決民生問題，為了多做點生意，就算接到再多的罰單也不會太無奈。

硬體成本 ●●●●●●●

　　做這門生意的生財器具相當簡單，除了使用原本在家中就有的鍋子來調製湯頭和材料外，簡單的攤車設備和鍋子杓子之類的烹調器具，都可以在環河南路一帶的商店購齊。至於規格方面，則全賴個人的喜好和需要而定，就算再加上桌椅之類的周邊設備，總共的花費也絕不超過３萬元。

人手 ••••••••••••••••••••••••••••••••••••

　　因為生意強強滾，因此邱伯伯和邱媽媽也閒不下來，通常每天從下午到晚上，都會看到他們夫妻兩人在做生意，而一對兄妹則是在早上和晚上輪流過去，4個人還算是忙得過來。

▲ 黑輪伯攤位景觀

客層調查 ••••••••••••••••••••••••••••••••

　　或許是為了特別迎合附近女性上班族的喜好，邱先生才決定以酥酥粉粉的小芋頭來作為主要的配料之一，而這樣特殊的米粉

湯口味，果然因此大受女性顧客的歡迎，也因此一躍成為「黑輪伯」3種小吃當中最具賣相的食物。而由於媒體對他們的美食報導早已多不勝數，因此他們的忠誠食客可說是來自四面八方：到了假日的熱鬧時段，再加上蜂擁而來的逛街人潮，或是慕名而來的試吃人潮，簡直快要將攤位擠爆，連邱伯伯自己都說，就算是在週一到週五的夜晚時段，也都是座無虛席的盛況。

人氣項目 ●●●●●●●●●●●●●●●●●●●●●●●●●●●●●●●●●●●●●●●

其實邱伯伯提起他所賣的3種食物，都相當驕傲的逢人稱讚，認為他的料理要不是台灣第一，不然也有台灣排名十大的本事，而米粉湯是四季都具賣相的大眾化食物，不過特別受女性顧客歡迎；而邱伯伯所使用的關東煮材料，也經過挑選，品質和價錢的差別簡直不成比例；而他們所使用的臭豆腐和鴨血，也有一定的品質保證，因此每天所賣出去的碗數，一定都超過400碗，生意非常穩定。

不過根據邱伯伯的兒子說，他的麻辣臭豆腐不但湯頭獨特，使用的是四川一帶的獨特湯頭熬煮方式，在台北市的麻辣臭豆腐之中，可說是數一數二的讚！連他所使用的鴨血，也是超優品質，和高消費的餐廳所使用的鴨血又是同一等級，因此和一般市面的品質有所差別也是理所當然，不過東西這麼好，卻又是便宜的一碗40元，這樣吃起來好像真的有賺到的感覺吧！

營業狀況 ●●●●●●●●●●●●●●●●●●●●●●●●●●●●●●

　　每一次經過媒體介紹後，隔天「黑輪伯」的生意就會好到令人稱羨！邱小姐說他們的東西已經有十餘家的媒體前來採訪了，而邱伯伯一家人和最初介紹他們美味料理的陳鴻，以及曾經主持過「美食任務」節目的主持人老鳥和菜鳥沈世朋，交情都相當好。而每天晚上的營業，更是座無虛席，說不定還得在一旁排排站一會兒才能夠吃到他們的精湛手藝。這可是在東區路邊攤中少見的景象哩！不論是因人潮而好奇被吸引過來的過路客，或對他們的食物永遠讚不絕口的老客人，邱先生一家人都是一貫的熱誠方式招呼，讓人覺得相當溫馨。

未來計畫 ●●●●●●●●●●●●●●●●●●●●●●●●●●●●●●

　　邱先生計畫在最近另外經營幾個新店面，不過相當有生意頭腦和經營創意的他，不但打算繼續推廣他目前改良式的台灣米粉湯，還希望能夠有機會將客家米粉的特色讓更多的美食主義者嘗一嘗。若再談到更遠大的志向，邱先生更打算將台灣小吃推廣到海外世界，他的首要目標就是日本，身懷雄心壯志，的確讓人對他刮目相看呢！

製·作·方·法

黑輪伯米粉湯
&麻辣臭豆腐

麻辣臭豆腐

度小月

專家教你這樣做

1. 以熬煮完成的大骨湯頭加入四川麻辣醬製作湯底

2. 加入臭豆腐煮熟，不時攪動湯底

3. 加入乾香菇調味，不時攪動湯底

4. 加入蝦米調味，不時攪動湯底

5. 觀察臭豆腐的熟透程度

6. 倒入少許米酒入味

7. 加入新鮮鴨血，以些許
   時間燜熟

8. 麻辣臭豆腐及鴨血煮熟
   後轉成小火加熱

9. 麻辣臭豆腐＆麻辣鴨血
   成品

米粉湯

專家教你這樣做

1. 大骨湯底加熱
2. 加入適量旗魚米粉煮熟及加熱
3. 依順序先加入豬肉絲並攪拌均勻
4. 加入蝦米並攪拌均勻
5. 加入乾香菇並攪拌均勻

6. 加入切塊芋頭並攪拌均勻

7. 加入豆皮並攪拌均勻

8. 米粉湯以小火加熱

9. 米粉湯成品

項　　目	數　　字	說　說　話
◆ 開業年數	15 年	
◆ 開業資金	約 4 萬元	含所有的硬體設備及材料估價，和回收的利潤絕對成正比
◆ 月租金	無	緊鄰鬧區的小吃攤，不用擔心沒有人潮，不過每天都得提心吊膽的接罰單
◆ 人手數	4 人	邱伯伯一家人自己來
◆ 座位數	約 20 個	在用餐或是假日的巔峰時段，都還得等待才有位置
◆ 平均每日來客數	約 400 碗	麻辣臭豆腐 250 碗 /1 天 麻辣鴨血 150 碗 /1 天
◆ 平均每日營業額	約 17,000 元	約略估計
◆ 平均每日進貨成本	約 8,000 元	約略估計
◆ 平均每日淨利	約 8,000 元	約略估計
◆ 平均每月來客數	約 12,500 碗	含麻辣臭豆腐和麻辣鴨血兩者總和
◆ 營業時間	12:00p.m.～ 12:00a.m.	下午時段比較空閒
◆ 每月營業天數	約 30 天	
◆ 公休日	不定時	

老闆給菜鳥的話

▲ 黑輪伯邱老闆

其實別看只是一碗清清淡淡的米粉湯，原來賺不賺錢也是有它的秘訣所在。像是根據邱先生的經驗，如果一碗米粉湯，湯多而米粉少就可以節省更多的成本，當然也容易賺錢，不過這只能算是他的經驗談，不論做任何生意都得憑良心，戲法人人會變，若是沒有好口味或是創意，很難跟其他人一比高下。賺錢本來就不容易，而經營小吃所需要付出的心力更是無數倍的辛苦！因此想要從事小吃業的有心人，不但要能夠抱著吃苦耐勞的決心，除了風吹雨打與任勞任怨，最好還能花點心思在口味上創造個人的獨特風格；若是一味仿效別人賣著當時流行的食物，很容易就被淘汰。

美味DIY

一、 米粉湯

材料

1. 旗魚米粉　　　2. 蝦米
3. 乾香菇　　　　4. 芋頭
5. 豬肉絲
6. 油豆腐皮（油炸過）
7. 油蔥酥
8. 大骨湯頭

度小月

　　乾糧雜貨類可直接向迪化街的批發商購買，而邱先生所挑選的新竹米粉，則是完全以米粒研磨精製而成，有別於一般摻粉的粗米粉，不會吸取過多的湯水。至於大骨湯頭，則是每天以重達二十斤的大骨頭熬製而成。

價錢一覽表 ●●●●●●●●●●●●●●●●●●

項　目	份　量	價　錢
旗魚米粉	1斤	35元
蝦米	1斤	20元
絞豬肉絲	1斤	70元
乾香菇	1斤	220元
芋頭	1斤	70元
油豆腐皮	1斤	50元
油蔥酥	1包	70元

製作步驟 ●●●●●●●●●●●●●●●●●●

1.前製處理

　　(1) 芋頭削皮切塊；蝦米、乾香菇洗淨；油豆腐皮切片；
　　　　豬肉絲川燙。

　　(2) 大骨頭燙過，濾過油份與雜質。

2.後製處理

(1) 將濾過的大骨熬成高湯。

(2) 香菇、蝦米、肉絲加入高湯中熬煮,藉以提味。

(3) 米粉加入高湯中以大火熬煮,煮開後轉小火。熄火前2分
鐘加入芋頭和油豆腐皮。

獨家撇步

香菇、芋頭、蝦米、油豆腐皮、豬肉絲可藉以增加湯頭美味。

二、麻辣臭豆腐

材料 •

1.大骨　　　　　2.蝦米　　　　　3.肉絲

4.香菇　　　　　5.麻辣鍋底醬　　6.油蔥酥

7.臭豆腐　　　　8.鴨血

▲ 黑輪伯小吃攤材料一覽

哪裡買、多少錢 ●●●●●●●●●●●●●●●●●●

　　其實一般的佐料都可以在迪化街買到，可節省一些材料成本；比較特別的是邱先生自製的麻辣鍋底醬，是由四川進口的辣椒乾、辣椒粉和花椒所熬煮製成；至於臭豆腐和鴨血，則可視個人的品質需要，請市場商家配送即可。

價錢一覽表 ●●●●●●●●●●●●●●●●●●●

項　　目	份　　量	價　　錢
大骨	1斤	20至30元
蝦米	1斤	20元
絞豬肉絲	1斤	70元
麻辣鍋底醬	1瓶（3公斤）	800元
乾香菇	1斤	220元
油蔥酥	1包	70元
臭豆腐	1塊	13元
鴨血	1塊	7元

製作步驟 ●●●●●●●●●●●●●●●●●●●●

1.前製處理

　　麻辣鍋底醬

　　(1) 以10人份為例，需準備調味料為辣椒粉1兩、花椒粉1兩、薑1兩、五香粉和肉桂粉各1茶匙

　　(2) 將薑爆香，而後加入上述調味料

(3) 加入7斤水與醬油5兩、糖1兩、米酒1
　　大匙和生辣椒半斤，熬煮1小時後，即成
　　麻辣鍋底醬

高湯

(1) 先將蝦米、香菇、臭豆腐和鴨血等材料
　　洗淨。

(2) 將大骨放入鍋中以大火熬煮，並過濾雜質和油份。

(3) 先將鴨血以熱氣稍微燜熟。

(4) 將麻辣鍋底醬及其他提味材料（臭豆腐和鴨血除外）加入
　　大骨湯中以大火熬煮約半小時。

2.後製處理

(1) 加入臭豆腐用大火熬煮，等臭豆腐整個
　　膨脹之時，再轉成小火熬煮約20分鐘
　　（豆腐煮愈久愈入味）。

(2) 將滷好的臭豆腐加入鴨血再以熱湯底燜過約5分鐘，即
　　可撈起。

獨家撇步

　　火候大小與時間長短端賴整批臭豆腐的發酵程度而定，不過
需靠個人經驗來加以辨識。

你也可以加盟

　　目前邱先生已經開始規劃相關的加盟店事宜，計畫在今年時
伺機招攬有興趣經營小吃的有心人，不過他強調若是加盟他個人

規劃的小吃事業，一定要相當有心：除了對這行除了有濃厚興趣外，而且要用心，或許他會以多年簽約的方式進行。等到加盟店可以獨當一面，或是想要另外經營其他小吃料理，都可以和邱先生互相切磋研究：且因邱先生對許多台灣小吃都有獨到研究，可提供不少專業上的秘訣及心得，若是合作愉快，加盟主還可因此享有邱先生的公司股份，將生意作得長長遠遠。

美味見證 ●●●●●●●●●●●●●●●●●●●●●●●●●●●●●●●●●

蔡小姐(美容業)

　　看到他們一大鍋米粉湯上面灑著十分豐富的佐料，就會很衝動的想要來上一碗，而且還有我最愛吃的芋頭呢！它不僅讓我百吃不厭，而且這裡的米粉湯還有一項特別之處，就是可以加上辣菜當成佐料，我第一次加著吃時，還十分驚訝，相當合胃口喔！

美味 DIY 小心得

MEMO

附 錄

路邊攤總點檢

　　靠路邊攤真的能賺大錢?！沒錯！從我們製作過這三本書所採訪過的三十幾家小吃攤看來，雖然大部分的老闆都保守地估計利潤約只有二至三成，但事實上據專家實際評估後，只要各項成本控制得到，再加上口味不要太離譜，通常獲利都算可觀。如果真想要有「暴利」的收入，做湯湯水水的生意準沒錯，利潤約在六、七成之譜。

　　如果真有心要跨入小吃路邊攤一行，可以先從自己有興趣或喜歡吃的食物著手，或是挑選製作方式簡單的小吃。

　　此次，我們採訪十間店家、十一項小吃，個個都大有來頭，是同業中的佼佼者。有的是祖傳事業，有些是老闆半路出家、自行創業，但無論是屬於哪一種類型，他們的經驗都值得小吃創業者借鏡。經由下面的簡要整理，讀者可以更加清楚地明白這些店家的特色與成功之道。

⮕ 度小月擔仔麵

　　提到台南府城，就會讓人聯想到度小月擔仔麵，由此便可知它的美名有多響亮了。

　　創業已有一百多年的歷史，但直到民國88年初才在台北開設第一家分店，可見得老闆愛惜羽毛的心態了。珍貴的肉燥製作配方，只傳男不傳女，因此一般人很難窺得獨門好料的製作方法。但上市的度小月肉燥罐頭，至少也可滿足老饕的口腹之譽。

　　度小月擔仔麵成功的秘訣，除了擁有模仿不來的懷念古早味外，老闆親切的態度，讓顧客們有回到家的感覺，也是店家生意興隆的主因。

創業資本	30萬(以台北店為例，但若要加盟，則約需100萬)
月租金	約8萬元(台北店為親戚酌收費用，此為附近行情價)
每月營業額	約60萬元
每月淨利	約18萬元
加盟與否	可，洽洪秀弘先生(06-2231744)

創業資本	1萬(此為當時開業的資本額，但根據目前的物價指數，約需3萬元)
月租金	約8萬元(每年不定調漲)
每月營業額	約60萬元
每月淨利	約24萬元
加盟與否	否

⮕ 藍家割包

　　祖傳事業的藍家割包，擁有十多年美味的口碑保證。除了有入口即化的滷肉做為招牌外，還有瘦肉、肥肉、綜合以及綜合偏瘦、綜合偏肥等口味，提供給顧客更加精細與健康的選擇。此外，還有配料一等一的四神湯，一口割包一口湯，就是絕佳的享受。

　　由於位於台北市公館地點，捷運通車所帶來的轉乘與逛街人潮，再加上附近學生與上班族的用餐人口，讓此處商機無限。若是到了一年一度的尾牙，因為按台灣人的慣例是得在當天吃個割包的，不但訂單倍增，連親自購買也得大排長龍。

➡️ 頂級甜不辣

曾獲得中華民國消費者協會食品評鑑金牌獎的頂級甜不辣，原本就已是萬華一帶居民眼中的美味小吃；再經過許多美食雜誌的報導後，更有許多慕名而來的外地客。此外，由於緊鄰華西街觀光夜市，許多來自香港、日本、新加坡的觀光客也都會被攤位前滿滿的人潮吸引，而前來嚐試。

頂級甜不辣的致勝秘訣，在於老闆對於用料的用心與堅持。例如，甜不辣不同於一般普通級甜不辣的濃重腥味，而是完全使用上等魚漿製作；白蘿蔔也非採下後立即使用，而是再等2星期後才有較好的口感。至於家傳的沾醬，也是每日製作，十分新鮮。

創業資本	約5萬
月租金	無(土地為自家擁有)
每月營業額	約7萬元
每月淨利	約8萬元
加盟與否	否

創業資本	約10萬
月租金	7萬元
每月營業額	約200萬元
每月淨利	約78萬元
加盟與否	否，目前只有開分店的計劃

➡️ 昌吉豬血湯

現任老闆為昌吉豬血湯的第二代傳人。所堅持的經營理念，就是品質創新，深信「保持原狀就是落伍」。例如，早期店內的湯是利用味精調味，但如今的湯頭材料則多來自天然香料。此外，由老闆親手洗淨切塊後冷藏的新鮮豬血，還有「紅豆腐」的美譽之稱。

除了豬血湯外，滷小菜也相當有名。像是豬血湯的大腸每天就要花2個小時滷製，其他如滷肉飯、滷白菜、滷筍干，也都是使用新鮮食材滷製而成。滷蛋更是經過長時間的滷製入味，絕對不加防腐劑。

➡️ 招牌客家湯圓

以純手工製作的客家湯圓,位於多半是海產類小吃的台北市遼寧街內。由於材料都是每天現煮現做,需要花費許多時間與精力,因此老闆和老闆娘以半天互相輪流的方式,一人到賣場,另一人就在家裡工作的方式經營。

除了客家湯圓外,客家麻薯與燒麻薯同樣也都是人氣商品。雖然老年人認為糯米類食品不好消化,大部分的客人是以年輕人或中年人為主,但這一點都不影響湯圓的營業額。尤其是到尾牙當天,一天的收入還可以高達3萬元呢!

創業資本	約10萬
月租金	無(店面自有)
每月營業額	約24萬元
每月淨利	約11萬元
加盟與否	否

創業資本	約2萬(此為當初創業資本,但根據目前的物價指數,準備的資金需再充裕些)
月租金	30萬
每月營業額	約300萬元
每月淨利	約150萬元
加盟與否	否,但可與老闆洽談合作事宜

➡️ 陳董藥燉排骨

藥燉排骨處處有,但陳董藥燉排骨所熬煮出來的湯頭,就是能擄獲眾多饕客的心。

由於滋補的藥膳料理風氣一開,讓昔日只有中年客人才會光顧的藥燉排骨,一下子成為小吃寵兒。尤其到了冬天,來上一碗藥燉排骨,頓時寒氣全消,又擁有養身美容的療效,真是一舉數得。

在經過不斷的嘗試與改良,現在陳董藥燉排骨已擺脫早期看起來黑黑苦苦的模樣,除了具有相當清爽的口感外,還有健身的效果。此外,銷售量佔3成左右的藥燉羊肉,也相當爽口而不油膩。

丹芳仙草

仙草具有降火氣、養顏美容的的療效，是它聲勢扶搖直上的原因。

不加鹼粉、質地精純的丹芳仙草，口感不似一般燒仙草甜膩，更蘊含淡淡青草香，而且不論放多久都不會凝固成凍。

老闆認為，在成本的控制上，販賣的單價不可高於25元以上，而扣除掉人事和水電等雜項費用的進貨成本，更應該控制在25%已內，才有利潤可圖的空間。

創業資本	約50萬(虎林店的月租金加裝潢費用)
月租金	老闆不方便透露，請參考創業資本
每月營業額	約50萬元
每月淨利	約32萬元
加盟與否	否

創業資本	約10萬
月租金	4萬
每月營業額	約62萬元
每月淨利	約37萬元
加盟與否	否

萬香齋台南米糕

秉持台南米糕傳統作法的萬香齋，為了忠實呈現古早味的特色，因此熬煮的過程十分繁複。其中又以拌飯的肉燥最費功夫，需要花上3種步驟，才能滷出香氣襲人、鹹淡適中的肉燥。

除了超人氣的米糕外，因為有些客人反應吃不慣米糕的黏膩，因此店家還開發出四神湯與紅油餛飩。這顯示攤家除了主力小吃外，也需要因為地緣、顧客的需求不同，而做口味上的變化與調整。

昌吉紅燒鰻

　　從每碗2塊半開始經營，到現在已有40多個年頭的昌吉紅燒鰻，在第三代傳人的經營下，仍是美食老饕們口耳相傳的最靚美食地點。

　　堪稱是台灣小吃料理企業化經營代表的昌吉紅燒鰻，除了擁有小吃店面外，還在台北縣八里另外設有一個中央廚房工廠，負責鰻魚的處理製作，以及公司行號大量訂購的分送。所使用的鰻魚以跟魚獲工廠簽約的方式獲得，以巴基斯坦的黃鰻和南中國的青鰻為主，並以手工製作方式進行醃製、攪拌和油炸的工作。至於湯頭的用料，則是以上等中藥加上去油脂的特殊配方，具有健康養生的藥膳概念。

創業資本	約30萬（此為當初創業資本，但根據目前的物價指數，準備的資金需再充裕些）
月租金	無（自有）
每月營業額	約150萬元
每月淨利	約30萬元
加盟與否	否

創業資本	約4萬
月租金	無（但警察會取締）
每月營業額	約50萬元
每月淨利	約25萬元
加盟與否	否

黑輪伯米粉湯與麻辣臭豆腐

　　不論是招牌米粉湯，或是麻辣臭豆腐，都是黑輪伯攤上的明星小吃。雖然這兩項小吃隨處可見，只是戲法雖然人人會變，但道行的高低就有所差別了。

　　黑輪伯的米粉湯加入了芋頭、肉絲和豆皮等材料，讓客人不只吃到單純的米粉湯，反而是像吃八寶粥一般豐富。至於麻辣臭豆腐中所使用的鴨血，則是與高級餐廳一般等級，高品質的享受卻只有40元的低消費。由於是湯湯水水的小吃，所以利潤算是中上。

你適合做路邊攤頭家嗎？

　　路邊攤可說是台灣街景的一大特色。尤其是小吃攤，除了滿足了許多老饕的口腹之慾外，更讓許多小吃攤的老闆從辛苦的頭家，搖身成為擁有好幾棟樓房的有錢人。

　　如今，經濟不景氣，失業人口暴增，更讓路邊攤成為炙手可熱的行業。而小吃攤成為眾多轉業者跨入此行的首選，則是因為民以食為天，從事與食物的生意被視為是穩賺不賠的金飯碗。

　　然而，事實上真是如此嗎？當小吃創業已成流行，市場呈現飽和甚至氾濫的現象時，如何經營才能成為其中的佼佼者？如果你有意自己擺個小攤子的話，究竟會不會成為一個既稱職又成功的路邊攤頭家？這就得先測試你成為路邊攤老闆的成功指數到底有多高了。做做以下的測驗，答案立見分曉！

 1. 你和一個普通朋友約會，如果他遲到了，通常你會等對方多久？
　　A. 一個小時
　　B. 30 到 40 分鐘
　　C. 10 到 30 分鐘左右
　　D. 10 分鐘以內

2. 當你一早急著要出門上班時，最有可能忘記的是
   下列哪一件事情？
   A. 忘了換拖鞋
   B. 忘了帶錢包
   C. 忘了帶手機
   D. 忘了帶鑰匙

- -

3. 你是一個廚師，除了講究口味以外，下列哪一個
   項目是你認為最重要的？
   A. 盤飾
   B. 營養
   C. 刀工
   D. 材料

- -

4. 夏天時，在廚房煮飯會很熱，但如果開電風扇會
   讓瓦斯爐火熄滅，開冷氣又太浪費電了，這時你
   會怎麼辦？
   A. 做菜要緊，即使汗流浹背也要完成烹飪。
   B. 先做一回兒，再到旁邊吹一下冷氣，回來再繼續
      做。
   C. 不管電費多少，一定要開冷氣才做。
   D. 不做了，買現成的食物或出去吃好了。

5. 當有人建議你換一種生活模式時，你的想法會是如何？

    A. 洗耳恭聽，檢視自己生活是否需要改變。

    B. 按兵不動，但私下會考慮考慮。

    C. 聽聽意見，不會積極回應。

    D. 置之不理，堅持己見。

6. 在擺設路邊攤時，你如何決定自己要販賣的東西種類與項目？

    A. 多方蒐集資料，並參考現今的流行趨勢，再研究出獨門秘方

    B. 現在流行什麼就賣什麼

    C. 只賣利潤高的東西

    D. 只賣不費力氣準備、簡便的東西

7. 當有客人嫌你做的小吃口味不佳時，你會怎麼應對？

    A. 各家口味不同，待我們開發新的口味，一定可以符合你的喜好的。

    B. 不會啦！大家都說好吃耶！

    C. 真的喔！我們一定再檢討，做出你要的口味。

    D. 那你就到別攤買嘛！

8. 當客人向你抱怨烹調的動作太慢時，你會如何反應？

A. 向對方誠心道歉，並保證改進

B. 保持禮貌性的微笑不做回答，但加快動作

C. 保持微笑，並維持原先的速度繼續工作

D. 假裝沒聽到，並維持原先的速度繼續工作

9. 如果你很想擺個路邊小吃，但手邊資金並不很足夠，你會怎麼辦？

A. 找些門路，讓各項成本再降低些

B. 想辦法跟親友或朋友再借些資本

C. 改賣其他成本較低的東西

D. 船到橋頭自然直，先把店開了再說

10. 確定要開店之前，你最擔心哪一件事？

A. 口味不符合客人的需求

B 客源不穩定

C. 賺的錢不夠多

D. 什麼都不擔心，大不了再回去找工作

你是屬於哪一型？

　　本測驗第1題測試耐心、第2題測試細心、第3題測試用心、第4題測試吃苦耐勞程度、第5題測試自省力、第6題測試對市場的敏感度、第7題測試溝通能力、第8題測試服務態度、第9題測試理財能力、第10題測試信心程度。

　　以上測驗，A、B、C、D答案中，哪一種答案最多，即是屬於該種類型。希望經過測驗後能幫助你更了解自己！

A 型：天才型路邊攤

成功指數：★★★★★

　　恭喜你！路邊攤頭家非你莫屬啦！

　　你是No.1的五心（耐心、細心、用心、苦心、信心）上將，你實在太適合成為一位路邊攤頭家了。不論風吹、日曬、雨淋都無法阻止你成為路邊攤L.B.T.俱樂部的一員。

　　你的自律性高，又肯吃苦耐勞，不畏「水深火熱」之苦，是最適合的路邊攤頭家人選。

B 型：搶錢型路邊攤

成功指數：★★★★

　　用兩句話形容你：賺錢第一，搶錢嚇嚇叫。

　　你的個性可以成為一個稱職的路邊攤老闆，但是一定要有耐

心、肯吃苦才能出頭天，一旦你下定決心往前衝，必定能成為積極努力的搶錢一族。當達成初步目標後，切記一定要細心觀照客人的反應及要求，免得三分鐘熱度，而失去基本客源。

Ⓒ型：努力型路邊攤

成功指數：★★★

你在某方面的條件上雖然先天不足，但可憑後天的學習、努力，在路邊攤這行出人頭地。創業初期一定要熬，口味要不斷的調整、創新，以符合客人的需求，熬的愈久，賺的愈多。吃苦耐勞、不畏寒暑，成功一定是你的。

Ⓓ型：調整型路邊攤

成功指數：★★

如果你大部分的答案都是D的話，那麼只能告訴你：師父領進門，修行看個人。

首先，要先問問你自己，是否能將不正確的心態調整過來，再決定你要不要擺攤創業。不過，如果你現在大部分的答案都接近D，而你願意將未來的方向往A答案調整的話，那麼恭喜你，你還是可以成為一個賺錢的路邊攤頭家的。

設攤地點該如何選擇？

　　你已做好準備要成為路邊攤頭家，但卻苦無一個設攤地點嗎？現在我們就要告訴你，如何踏出成功的第一步！

　　設攤地點的選擇，有下列幾項要點，只要把握其中一二，必能出師告捷！

1. **租金多寡**：不要以為租金便宜的店面或攤位，一定就能省下月租本錢。要知道消費人口的多寡，才是決定生意成敗的關鍵。因此，租金貴的地點，只要是旺市，投資報酬率還是相當划算的。

2. **時段客層**：依照你營業的項目選擇設攤地點。如：賣炸雞排可選擇學校、夜市等人口族群；紅豆餅等攜帶方便的小吃可選擇學校、捷運、公車站附近；蚵仔麵線這類湯湯水水的小吃，則可鎖定菜市場、夜市、百貨公司、公司行號等族群。

3. **交通便捷**：選擇交通便利，好停車的地點。如：盡量選擇無分隔島的馬路騎樓下；公車、捷運站、火車站旁等人潮聚集的地方設點。這些地點人來人往，較適合販賣可攜帶式的小吃。

4. 社區地緣： 若自己的人脈或社區住家附近已有固定的基本消費
客源，可考慮在自家附近開業。如此一來可避免同
業的競爭對手分散生意，亦可輕易的掌握熟客的需
求與口味。

5. 炒熱市集： 若設攤地點非熱門地點，而當地已有一、兩攤生意
不錯的其他類別小吃，亦可搭便車，比鄰而設攤，
不但可沾光坐享現有人潮，並且可將市集炒熱。

6. 未來發展： 選擇將來可能拓寬或增設公共設施的地點設攤。未
來地緣的改變，帶來商機無限，遠比現有的條件好
很多，要將眼光放遠，不貪一時得失，鈔票就在不
遠處等著你。

小吃補習班資料

中華小吃傳授中心

- ◆ 負 責 人： 莊寶華老師
- ◆ 電　　話： (02)25591623
- ◆ 地　　址： 台北市長安西路76號3樓
- ◆ 教授項目： 蚵仔麵線、烤鴨、滷味、肉圓、各式羹、粥、麵、快餐、
　　　　　　　早點、豆花…等三百餘種小吃。
- ◆ 輔導創業開店

寶島美食傳授中心

- ◆ 負 責 人： 邱寶珠老師
- ◆ 電　　話： (02)22057161
- ◆ 地　　址： 台北縣新莊市泰豐街8號
- ◆ 網　　址： www.jiki.com.tw/paodao/main.htm
- ◆ 教授項目： 蚵仔麵線、米粉炒、滷味、肉圓、肉羹、花枝羹、廣東
　　　　　　　粥、牛肉麵、油飯、燒餅、貢丸、魚丸、餡餅、涼麵、油
　　　　　　　條、豆花、炸雞、水煎包、蔥抓餅、紅豆餅、筒仔米糕、
　　　　　　　排骨酥湯…等兩百餘種小吃。
- ◆ 鍋、麵、飯、羹、快餐、早點、速食…輔導開業。

名師職業小吃培訓中心

- ◆ 負 責 人： 范老師
- ◆ 電　　話： (02)25997283
- ◆ 地　　址： 台北市重慶北路3段205巷14號2樓(捷運圓山站下)
- ◆ 教授項目： 蚵仔麵線、水煎包、滷味、胡椒餅、牛肉麵、油飯、魷魚
　　　　　　　羹…等數百種小吃。
- ◆ 現場名師個別指導，並可親自操作。

協大小吃創業輔導

- ◆ 負 責 人： 顏老師
- ◆ 電　　話： (02)89681637
- ◆ 地　　址： 台北縣板橋市文化路一段36號2樓
- ◆ 教授項目： 蚵仔麵線、東山鴨頭、滷味…等

傳統正宗小吃傳授

- ◆ 負 責 人： 陳浩弘老師
- ◆ 電　　話： (02)29775750
- ◆ 地　　址： 台北縣三重市大同南路19巷6號2樓

大中華小吃傳授

- ◆ 負 責 人： 何宗錦老師
- ◆ 電　　話： (02)29061116
- ◆ 地　　址： 台北縣新莊市建國一路10號
- ◆ 網　　址： home.pchome.com.tw/life.romdyho/foods.htm

周老闆創業小吃

- ◆ 負 責 人： 周老師
- ◆ 電　　話： (02)25578141
- ◆ 地　　址： 台北市甘州街50號

中華創業小吃

- ◆ 電　　話： (07)2851724
- ◆ 地　　址： 高雄市800七賢二路35號3樓之1
- ◆ 網　　址： 104.hinet.net/07/2851724.html

行政院勞工委員會職業訓練局中區職業訓練中心

- ◆ 電　　話： (04)23592181
- ◆ 地　　址： 台中市407工業區一路100號
- ◆ 網　　址： www.cvtc.gov.tw
- ◆ 招生項目： 食品烘培班
- ◆ 招生人數： 30名
- ◆ 報名資格： (1) 國中畢業以上，身心健康。 (2) 男女兼收
- ◆ 受訓時間： 4個月

財團法人中華文化社會福利事業基金會附設職業訓練中心

- ◆ 電　　話： (02)27697260-6
- ◆ 地　　址： 台北市110基隆路一段35巷7弄1之4號
- ◆ 網　　址： www.cvtc.org.tw
- ◆ 招生項目： 中、西餐廚師
- ◆ 招生人數： 各24名
- ◆ 報名資格： (1) 國中以上，男女兼收 (1) 年滿15-40歲
- ◆ 受訓時間： 各900小時

評鑑優質小吃補習班 1

中華小吃傳授中心

主編推薦 ：☆☆☆☆☆
採訪小組推薦：☆☆☆☆☆

　　一年創造出新台幣七百二十億小吃業經濟奇蹟的小吃界天后到底是誰？相信你一定很好奇吧！『莊寶華』這個名字，或許你不是耳熟能詳，但一定略有耳聞、似曾相識。沒錯，她就是桃李滿天下，開創小吃業知識經濟蓬勃的開山鼻祖。現有許多小吃補習班業者，都是莊老師的學生。

　　全省教授小吃美食的補習班，不論立案與否，屈指一數也有幾十家。在我們採訪過程中，學生始終絡繹不絕、人氣最旺的就屬『中華小吃傳授中心』。創立逾十八年的『中華小吃傳授中心』教授項目多達三百餘種，是目前小吃補習班中教授項目最多的。傳授的類別分為台灣小吃(麵、羹、湯、粥、飯、滷)、中式麵食、簡餐類、職業小菜、炒菜類、素食類，還有一些特別的項目(如章魚燒、紅豆餅、北平烤鴨等)。

在『中華小吃傳授中心』，基本上單教一項學費兩千元、兩項四千元、三項五千元、五項七千元，十項一萬元，有些費用則視項目而做增減，但學的項目越多越划算。另外，還附設師資班，材料均由中心提供，並採一對一的教學方式，學員均能親自操作；且所有課程都讓學員完全學會為止，複習不收任何費用。但莊老師建議，切記一定要有一項是專精的主攻項目，在開業時才能建立口碑。

據莊老師表示，大多數小吃的利潤都有五成以上，湯湯水水的小吃利潤更高達七成。一個小吃攤的攤車和生財工具成本約兩、三萬左右，如果營業地點人潮多，生意必佳，一個月約可淨賺十萬元左右。莊老師的學生中甚至不乏些小吃金雞母，每月收入高達二、三十萬元呢！想自己創業當頭家的朋友，歡迎去電詢問相關事宜！簡章免費備索。

中華小吃傳授中心

預約專線：〈02〉25591623
授課地址：台北市103長安西路76號3樓
上課時間：上午9：30～下午9：30

凡剪下本書的折價券至『中華小吃傳授中心』學習各式小吃，可享九折優惠。

評鑑優質小吃補習班2

寶島美食傳授中心

主編推薦 ：☆☆☆☆☆
採訪小組推薦：☆☆☆☆☆

當路邊攤如雨後春筍般四處林立，小吃補習班的身價也跟著水漲船高，於是坊間出現了傳授傳統美食的小吃補習班。這些補習班中有二十年的資深老鳥，當然也有因應失業潮而取巧來分食大餅的投機者。在這麼多良莠不齊的小吃補習班業者中，今年堂堂邁入第十個年頭的『寶島美食傳授中心』，便是我們在採訪過程中所發現的另一個優質補習班。到底有多優呢？請看我們以下的報導～

　　『寶島美食傳授中心』現有兩位專業老師授課，首席指導老師邱寶珠與專教麵食類的張次郎老師是夫妻檔，兩人各有所長、各司其職。不論是在專業知識或製作技巧上皆爐火純青，在很多同類補習班不夠講究的口味及配色擺飾上，他們都力求賣相完美、

色香味俱全。讓剛入行的菜鳥除了學習食材製作之外，還能兼顧開業後可能碰到的問題，著實造福不少轉業及失業的朋友。

兩位老師從開業授課至今，學生遍及全省、中國大陸與海外，不論是哪個街頭巷尾，或是各大夜市，邱老師與張老師所教出的學生，產品口味可謂「打遍天下無敵手」。只要是『寶島美食傳授中心』出品的小吃，一定將在地賣同樣種類小吃的攤子，打得一敗塗地，收攤回去吃自己。『寶島美食傳授中心』教授的小吃到底有多美味？你一定要親自嚐了之後，才能體會箇中奇巧，保證絕對讓你回味無窮。

邱老師和張老師所傳授的菜色種類約兩百多項，美食科別包括地方小吃科、羹麵湯簡餐科、小菜科、素食科，以及一些特別項目。特別值得介紹的是口味獨特的蔥抓餅，堪稱全省首屈一指。學習的費用單項約兩千至三千元、兩項為四千至六千元、五項為八千至一萬元、十項為一萬二至一萬五，至於特別的項目費用則視不同的種類而定。

中華小吃傳授中心

預約專線：〈02〉22057161~3
授課地址：台北縣新莊市泰豐路8號
網　　址：www.jiki.com.tw/paodao
上課時間：早上9:00~12：00
　　　　　下午2:00~5：00
　　　　　晚上6:00~9：00

凡剪下本書的折價券至『寶島美食傳授中心』學習各式小吃，可享九折優惠。

成為專業的路邊攤

　　行政院衛生署『食品良好衛生規範』條例，於89年9月7日實施公佈後，成效卓然。經政府公告，即日起將配合全國各級衛生機關落實執行。因此，從事以下餐飲相關業者，必須擁有『中餐烹調丙級技術士』合格證照。

◎ 觀光旅館之餐廳（現已持照比例80%）

◎ 承攬學校餐飲之餐飲業（現已持照比例70%）

◎ 供應學校餐盒之餐盒業（現已持照比例70%）

◎ 承攬筵席之餐廳（現已持照比例70%）

◎ 外燴飲食業（現已持照比例70%）

◎ 中央廚房式之餐飲業（現已持照比例60%）

◎ 伙食包作業（現已持照比例60%）

◎ 自助餐飲業（現已持照比例50%）

　　路邊攤大致歸類於「外燴飲食業者」，為避免日後的抽查及取締、罰款問題，建議大家要投入這個行業之前，最好先將『中餐烹調丙級技術士』執照考到手，如此一來，不但可給自己一個專業的認證，也可給消費者一流的品質保證。

『中餐烹調丙級技術士』應檢人員標準服裝

◎ 帽子需將頭髮及髮根完全包住，不可露出。

◎ 領可為小立領、國民領、襯衫領亦可無領

◎ 袖可長袖亦可短袖

◎ 著長褲

◎ 圍裙裙長及膝

◎ 上衣及圍裙均為白色

『中餐烹調丙級技術士』執照考照各地詢問單位

北　部

行政院勞工委員會職業訓練局
地址：台北市中正區100忠孝西路一段6號11~14樓

電話：(02) 23831699

網址：www.evta.gov.tw

台北市政府勞工局
職業訓練中心

地址：台北市士林區111士東路301號

電話：(02) 28721940~8

網址：www.tvtc.gov.tw

財團法人中華文化社會福利事業基金會
附設職業訓練中心

地址：台北市110基隆路一段35巷7弄1~4號

電話：(02) 27697260~6

網址：www.cvtc.org.tw

行政院勞工委員會職業訓練局

泰山職業訓練中心
地址：243台北縣泰山鄉貴子村致遠新村55之1號
電話：(02)29018274～6
網址：www.tsvtc.gov.tw

行政院勞工委員會職業訓練局

北區職業訓練中心
地址：220基隆市和平島平一路45號
電話：(02)24622135
網址：www.nvc.gov.tw

行政院勞工委員會職業訓練局

桃園職業訓練中心
地址：326桃園縣楊梅鎮秀才路851號
電話：(03)4855368轉301、302
網址：www.tyvtc.gov.tw

行政院青年輔導委員會

青年職業訓練中心
地址：326桃園縣楊梅鎮(幼獅工業區)幼獅路二段3號
電話：(03)4641684
網址：www.yvtc.gov.tw

行政院國軍退除役官兵輔導委員會

職業訓練中心
地址：330桃園市成功路三段78號
電話：(03)3359381
網址：www.vtc.gov.tw

中　部

行政院勞工委員會職業訓練局
中區職業訓練中心
地址：台中市407工業區一路100號
電話：(04)23592181
網址：www.cvtc.gov.tw

南　部

行政院勞工委員會職業訓練局
南區職業訓練中心
地址：高雄市806前鎮區凱旋四路105號
電話：(07)8210171~8
網址：www.svtc.gov.tw

行政院勞工委員會職業訓練局
台南職業訓練中心
地址：720台南縣官田鄉官田工業區工業路40號
電話：(06)6985945~50轉217、218
網址：www.tpgst.gov.tw

高雄市政府勞工局
訓練就業中心
地址：高雄市小港區812大業南路58號
電話：(07)8714256~7轉122、132
網址：labor.kcg.gov.tw/lacc

東　部

財團法人東區職業訓練中心
地址：950台東市中興路四段351巷 655號
電話：(089)380232~3
網址：www.vtce.org.tw

小吃攤車生財工具哪裡買？

北　部

◆ **元揚企業有限公司**
（元揚冷凍餐飲機械公司）
地址：北市環河南路1段19-1號
電話：(02)23111877

◆ **鴻昌冷凍行**
地址：北市環河南路1段72號
電話：(02)23753126・23821319

◆ **易隆白鐵號**
地址：北市環河南路1段68號
電話：(02)23899712・23895160

◆ **明昇餐具冰果器材行**
地址：北市環河南路1段66號
電話：(02)23825281

◆ **嘉政冷凍櫥櫃有限公司**
地址：台北市環河南路一段183號
電話：(02)23145776

◆ **千甲實業有限公司**
地址：北市環河南路1段56號
電話：(02)23810427・23891907

◆ **元全行**
地址：北市環河南路1段46號
電話：(02)23899609

◆ **明祥冷熱餐飲設備**
地址：北市環河南路1段33・35號1樓
電話：(02)23885686・23885689

◆ **全鴻不銹鋼廚房餐具設備**
地址：北市康定路1號
電話：(02)23117656・23881003

◆ **憲昌白鐵號**
地址：北市康定路6號
電話：(02)23715036

◆ **文泰餐具有限公司**
地址：北市環河南路1段59號
電話：(02)23705418・25562475
　　　25562452

◆ **全財餐具量販中心**
地址：北市環河南路1段65號
電話：(02)23755530・23318243

◆ 惠揚冷凍設備有限公司
巨揚冷凍設備有限公司
地址：北市環河南路1段17-2號 ~19號
電話：(02)23615313．23815737

◆ 金鴻（金沅）專業冷凍
地址：北市開封街2段83號
電話：(02)23147077

◆ 進發行
地址：北市環河南路1段15號
電話：(02)23144822．23094254

◆ 千石不銹鋼廚房設備有限公司
地址：北市環河南路1段13號
電話：(02)23717011

◆ 興利白鐵號
地址：北市環河南路1段18號
電話：(02)23122338

◆ 福光五金行
地址：北市環河南路1段14號
電話：(02)23144486．23145623

◆ 勝發水果餐具行
地址：北市環河南路1段40號
電話：(02)23122455

◆ 歐化廚具 餐廚設備
地址：北市漢口街2段116號
電話：(02)23618665

◆ 大銓冷凍空調有限公司
地址：北市漢口街2段127號
電話：(02)23752999

◆ 永揚五金行 永揚冰果餐具有限公司
地址：北市環河南路1段23-6號
電話：(02)23822036．23615836
　　　23822128．23812792

◆ 利聯冷凍
地址：北市環河南路1段39號
電話：(02)23889966．23889977
　　　23889988．23899933

◆ 正大食品機械烘培器具
地址：北市康定路3號
電話：(02)23110991．23700758

◆ 立元冰果餐具器材行
地址：北市環河路1段23-4號
電話：(02)23311466．23316432

◆ 國豐食品機械
地址：北市環河路1段160號
電話：(02)23616816．23892269

◆ 立元冰果餐具器材行
地址：北市環河路1段23-4號
電話：(02)23311466．23316432

◆ 千用牌大小廚房設備
地址：北市環河路1段146號
電話：(02)23884466-7
　　　23613839

◆ **立元冰果餐具器材行**
地址：北市環河南路1段23-4號
電話：（02）23311466・23316432

◆ **久興行玻璃餐具冰果器材**
地址：北市環河南路1段82-84號
電話：（02）23140183・23610654

━━━━━━━ 中　部 ━━━━━━━

◆ **元揚企業有限公司**
　（元揚冷凍餐飲機械公司）
地址：台中市北屯區瀋陽路1段5號
電話：（04）22990272

◆ **國喬股份有限公司**
地址：台中縣太平市新平路1段257號
電話：（04）22768400

◆ **利聯冷凍**
地址：台中縣太平市新平路1段257號
電話：（04）22768400

◆ **正大食品機械烘培器具**
地址：嘉義縣民雄鄉建國路1段268號
電話：（05）2262510

━━━━━━━ 南　部 ━━━━━━━

◆ **元揚企業有限公司**
（元揚冷凍餐飲機械公司）
地址：高市小港區達德街61號
電話：（07）8225500

◆ **正大食品機械烘培器具**
地址：高雄市五福2路156號
電話：（07）2619852

◆ **正大食品機械烘培器具**
地址：台南永康市中華路698號
電話：（06）2039696

━━━━━━━ 東　部 ━━━━━━━

◆ **元揚企業有限公司**
　（元揚冷凍餐飲機械公司）
地址：宜蘭渭水路15-29號
電話：（039）334333

▲ 中、南、東部地區的朋友亦可向北部地區的廠商購買設備(貨運寄送、運費可洽談，
　但大多為買主自付)

二手攤車生財工具哪裡買？

◆ **中大舊貨行**
地址：台北市重慶南路3段143號
電話：(02)23659922．23659933

◆ **水源舊貨行**
地址：台北市水源路159號
電話：(02)23095943

◆ **大安舊貨行**
地址：台北市重慶南路3段145號
電話：(02)23686424．23685237

◆ **川芳公司**
地址：台北市松江路22號8樓之1
電話：(02)23379015．23019799

◆ **一乙商行**
地址：台北市重慶南路3段141號
電話：(02)23682421

◆ **壹全行**
地址：台北市汀洲路2段16號
電話：(02)23653436

◆ **忠泰舊貨行**
地址：台北市重慶南路3段127號
電話：(02)23656666．23651007

◆ **仙豐行**
地址：台北市重慶南路3段92號之1號
電話：(02)23033851．22624980(夜)

◆ **力旺舊貨行**
地址：台北市重慶南路3段140號
電話：(02)23324055

◆ **慶億商號**
地址：台北市重慶南路3段13號2樓
電話：(02)23390813

◆ **一金商行**
地址：台北市廈門街114巷8號
電話：(02)23679022

◆ **益元餐廳企業行**
地址：台北市汀洲路2段57號
電話：(02)23053945

◆ **大進舊貨行**
地址：台北市汀洲路2段69號
電話：(02)23696633

▲ 中、南、東部地區的朋友亦可向北部地區的廠商購買設備(貨運寄送、運費可洽談，
　但大多為買主自付)

小吃製作原料批發商

◆ **建同行**
地址：台北市歸綏街30號
電話：(02)25536578
※買材料免費小吃教學

◆ **金其昌**
地址：台北市迪化街132號
電話：(02)25574959

◆ **金豐春**
地址：台北市迪化街145號
電話：(02)25538116

◆ **惠良行**
地址：台北市迪化街205號
電話：(02)25577755

◆ **陳興美行**
地址：台北市迪化街一段21號
　　　（永樂市場1009）
電話：(02)25594397

◆ **明昌食品行**
地址：台北市迪化街一段21號（永樂市
場1027）
電話：(02)25582030

◆ **協聯春商行**
地址：台北市迪化街一段224巷22號1樓
電話：(02)25575066

◆ **建利行**
地址：台北市迪化街一段158號
電話：(02)25573826

◆ **匯通行**
地址：台北市迪化街一段175號
電話：(02)25574820

◆ **泉通行**
地址：台北市迪化街一段141號
電話：(02)25539498

◆ **泉益有限公司**
地址：台北市迪化街一段147號
電話：(02)25575329

◆ **象發有限公司**
地址：台北市迪化街一段101號
電話：(02)25583315

◆ **郭惠燦**
地址：台北市迪化街一段145號
電話：(02)25579969

◆ **旺達食品公司**
地址：台北縣板橋市信義路165號1樓
電話：(02)29627347

◆ **華信化學有限公司**
地址：台北市迪化街一段164號
電話：(02)25573312

─────── 南　部 ───────

◆ **三茂企業行**
地址：高雄市三鳳中街28號
電話：(07)2886669

◆ **大鳳行**
地址：高雄市三鳳中街86號
電話：(07)2858808

◆ **立順農產行**
地址：高雄市三鳳中街55號
電話：(07)2864739

◆ **德順香菇行**
地址：高雄市三鳳中街80號
電話：(07)2860742

◆ **元通行**
地址：高雄市三鳳中街46號
電話：(07)2873704

◆ **順茂農產行**
地址：高雄市三鳳中街113號
電話：(07)2862040

◆ **順發食品原料行**
地址：高雄市三鳳中街51號
電話：(07)2867559

◆ **立成農產行**
地址：高雄市三鳳中街53號
電話：(07)2864732

◆ **新振豐豆行**
地址：高雄市三鳳中街112號
電話：(07)2870621

◆ **瓊惠商行**
地址：高雄市三鳳中街41號
電話：(07)2866651

◆ **雅群農產行**
地址：高雄市三鳳中街48號
電話：(07)2850860

◆ **天華行**
地址：高雄市三鳳中街26號
電話：(07)2870273

◆ **大成蔥蒜行**
地址：高雄市三鳳中街107號
電話：(07)2858845

小吃免洗餐具周邊材料批發商

========== 北　部 ==========

◆ **昇威免洗包裝材料有限公司**
地址：台北縣新莊市新莊路526、528號
電話：(02) 22015159・22032595
　　　22037035
※ 此為大盤商

◆ **松德包裝材料行**
地址：台北市渭水路22號
電話：(02) 27814789

◆ **安鎂企業有限公司**
地址：台北縣新莊市中正路119號
電話：(02) 29967575

◆ **元心有限公司**
地址：台北縣蘆洲市永樂街61號
電話：(02) 22896259

◆ **新一免洗餐具行**
地址：台北縣新店市北新路一段97號
電話：(02) 29126633・29129933

◆ **仲泰免洗餐具行**
地址：台北市北投區洲美街215巷8號
電話：(02) 28330639・28330572

◆ **興成有限公司**
地址：台北市寶清街122-1號
電話：(02) 27601026

◆ **西鹿實業有限公司**
地址：台北市興隆路一段163號
電話：(02) 29326601・23012545
　　　22405309

◆ **沙萱企業有限公司**
地址：台北縣板橋市大觀路一段38巷
　　　156弄47-2號
電話：(02) 29666289

◆ **奎達實業有限公司**
地址：台北市長安東路二段142號7樓
　　　之2
電話：(02) 27752211

◆ **匯森行免洗餐具公司**
地址：汀州路1段380號・詔安街40-1號
　　　・建國路96號
電話：(02) 23057217・23377395
　　　86654505・22127392
※ 此為大盤商

◆ **東區包裝材料**
地址：通化街163號
電話：(02) 23781234・27375767

◆ **釜大餐具企業社**
地址：北市漢中街8號3樓-1
電話：(02) 23319520

部

◆ 匯森行免洗餐具公司
地址：竹南鎮和平街46號
電話：(037)4633365

◆ 嘉雲免洗材料行
地址：台中縣大里市愛心路95號
電話：(04)24069987
※此為大盤商

◆ 旌美股份有限公司
地址：彰化縣秀水鄉莊雅村寶溪巷30號
電話：(04)7696597
※此為中盤商

◆ 上好免洗餐具
地址：彰化市中央路44巷15號
電話：(04)7636868

南　部

◆ 利成免洗餐具行
地址：台南市本田街三段341-6號
電話：(06)2475328
※此為大盤商

◆ 永丸免洗餐具
地址：台南市民權路1段191號
電話：(06)2283316

◆ 如億免洗餐具
地址：台南市大同路2段510號
電話：(06)2694698・2904838・
2140154・2140155

◆ 雙子星免洗餐具商行
地址：台南縣新市鄉永就村110號
電話：(06)5982410

◆ 竹豪興業
地址：鳳山市輜汽北二路21號
電話：(07)7132466

東　部

◆ 家潔免洗餐具行
地址：宜蘭縣五結鄉中福路61-3號
電話：(039)563819
※此為中盤商

◆ 泰美免洗餐具行
地址：花蓮縣太昌村明義6街89巷31號
電話：(038)574555
※此為中盤商

▲ 如需更詳細免洗餐具批發商資料，請查各縣市之「中華電信電話號碼簿」—消費指南
　百貨類「餐具用品」、工商採購百貨類「即棄用品」。

全省魚肉蔬果批發市場

▀▀▀▀▀▀▀▀▀ 北　部 ▀▀▀▀▀▀▀▀▀

◆ **基隆市信義市場**
地址：基隆市信二路204號
電話：(02) 24243235

◆ **第一果菜批發市場**
地址：台北市萬大路533號
電話：(02) 23077130

◆ **第二果菜批發市場**
地址：台北市基河路450號
電話：(02) 28330922

◆ **環南市場**
地址：台北市環河南路2段245號
電話：(02) 23051161

◆ **西寧市場**
地址：台北市西寧南路4號
電話：(02) 23816971

◆ **三重市果菜批發市場**
地址：台北縣三重市中正北路111號
電話：(02) 29899200~1

◆ **台北縣家畜肉品市場**
地址：台北縣樹林市俊安街43號
電話：(02) 26892861・26892868

◆ **桃園市果菜市場**
地址：桃園縣中正路403號
電話：(03) 3326084

◆ **桃農批發市場**
地址：桃園縣文中路1段107號
電話：(03) 3792605

◆ **新竹縣果菜市場**
地址：新竹縣芎林鄉文山路985號
電話：(03) 5924194

◆ **新竹市果菜市場**
地址：新竹市經國路
電話：(03) 5336141

▀▀▀▀▀▀▀▀▀ 中　部 ▀▀▀▀▀▀▀▀▀

◆ **台中市果菜公司**
地址：台中市中清路180-40號
電話：(04) 24262811

◆ **台中縣大甲第一市場**
地址：台中縣大甲鎮順天路146號
電話：(04) 6865855

◆ 苗栗大湖地區農會果菜市場
地址：苗栗縣大湖鄉復興村八寮灣2號
電話：(037)991472

◆ 彰化鹿港鎮果菜市場
地址：彰化縣鹿港鎮街尾里復興南路28號
電話：(04)7772871

◆ 雲林西螺果菜市場
地址：雲林西螺鎮
電話：(05)5866566

◆ 雲林斗南果菜市場
地址：雲林縣中昌街5號
電話：(037)991472

南　部

◆ 嘉義市果菜市場
地址：嘉義市博愛路1段111號
電話：(05)2764507

◆ 嘉義市西市場
地址：嘉義市國華街245號
電話：(05)2223188

◆ 台南市東門市場
地址：台南市青年路164巷25號4-1號
電話：(06)2284563

◆ 台南市安平市場
地址：台南市安平區效忠街20-7號
電話：(06)2267241

◆ 高雄市第一市場
地址：高雄市新興區南華路40-4號
電話：(07)2211434

◆ 高雄縣果菜運銷股份有限公司
地址：高雄市三民區民族一路100號
電話：(07)3823530

◆ 高雄縣鳳山果菜市場
地址：高雄縣鳳山五甲一路451號
電話：(07)7653525

◆ 屏東縣中央市場
地址：屏東縣中央市場第2商場23號
電話：(08)7327239

東　部

◆ 宜蘭縣果菜運銷合作社
地址：宜蘭市校舍路116號
電話：(039)384626

◆ 花蓮市蔬果運銷合作社
地址：花蓮縣中央路403號
電話：(038)572191

◆ 台東果菜批發市場
地址：台東市濟南街61巷180號
電話：(089)220023

作　　　者	白宜弘	
攝　　　影	張振山	
發 行 人	林敬彬	
企　　　劃	趙濰	
執 行 編 輯	郭香君	
封 面 設 計	像素設計 劉濬安	
美 術 設 計	像素設計 劉濬安	

出　　　版　大都會文化 行政院新聞北市業字第 89 號
發　　　行　大都會文化事業有限公司
　　　　　　110 台北市基隆路一段 432 號 4 樓之 9
　　　　　　讀者服務專線：(02)27235216
　　　　　　讀者服務傳真：(02)27235220
　　　　　　電子郵件信箱：metro@ms21.hinet.net
郵 政 劃 撥　14050529 大都會文化事業有限公司
出 版 日 期　2002 年 2 月初版第 1 刷
定　　　價　280 元

I S B N　957-30017-1-3
書　　　號　Money-003

Printed in Taiwan

大都會文化
METROPOLITAN CULTURE

國家圖書館出版品預行編目資料

路邊攤賺大錢 3・致富篇 / 白宜弘 著.
－－ －－ 初版 －－ －－
台北市：大都會文化發行，
2002〔民 91〕
面：　　公分. －－（度小月系列：3）
ISBN：957-30017-1-3（平裝）
1.飲食業　2.創業
483.8　　　　　　　　　　　90022027

請沿虛線剪下，對折裝訂後寄回

北 區 郵 政 管 理 局
登記證北台字第 9125 號
免　貼　郵　票

大都會文化事有限公司
讀者服務部收

110 台北市基隆路一段 432 號 4 樓之 9

寄回這張服務卡(免貼郵票)
您可以：
◎不定期收到最新出版活動訊息
◎參加各項回饋優惠活動

▲ 大都會文化　讀者服務卡

書號：Money - 003　路邊攤賺大錢─致富篇

謝謝您選擇了這本書，我們真的很珍惜這樣的奇妙緣份。期待您的參與，讓我們有更多聯繫與互動的機會。

姓名：＿＿＿＿＿＿＿＿＿　性別：□男 □女　　生日：＿＿＿年 ＿＿＿月 ＿＿＿日
年齡：□20歲以下 □21─30歲 □31─50歲 □51歲以上
職業：□軍公教 □自由業 □服務業 □學生 □家管 □其他
學歷：□國小或以下 □國中 □高中／高職 □大學／大專 □研究所以上
通訊地址：＿＿＿＿＿＿＿＿＿＿＿＿＿＿＿＿＿＿＿＿＿＿＿＿＿＿＿
電話：（H）＿＿＿＿＿＿＿ （O）＿＿＿＿＿＿＿ 傳真：＿＿＿＿＿＿＿
E-Mail：＿＿＿＿＿＿＿＿＿＿＿＿＿＿＿＿＿＿＿＿＿＿＿＿＿＿＿＿

※您是我們的知音，您將可不定期收到本公司的新書資訊及特惠活動訊息，往後如直接向本公司訂購（含新書）將可享八折優惠。

您在何時購得本書：＿＿＿年 ＿＿＿月 ＿＿＿日

您在何處購得本書：＿＿＿＿＿＿＿ 書店，位於：＿＿＿＿＿＿＿(市、縣)

您從哪裡得知本書的消息：
□ 書店　□報章雜誌　□電台活動　□網路書店　□書籤宣傳品等

□親友介紹 □書評　　□其它＿＿＿＿＿＿＿

您通常以哪些方式購書：
□書展 □逛書店 □劃撥郵購　□團體訂購　□網路購書 □其他

您最喜歡本書的：（可複選）
□內容題材 □字體大小 □翻譯文筆 □封面 □編排 □其它

您對此書封面的感覺：
□很喜歡 □喜歡 □普通

您希望我們為您出版哪類書籍：（可複選）
□ 旅遊 □科幻推理 □史哲類 □傳記 □藝術音樂 □財經企管
□電影小說 □散文小品 □生活休閒 □語言教材（＿＿＿語 ） □其他

您的建議：
＿＿＿＿＿＿＿＿＿＿＿＿＿＿＿＿＿＿＿＿＿＿＿＿＿＿＿＿＿＿＿＿＿
＿＿＿＿＿＿＿＿＿＿＿＿＿＿＿＿＿＿＿＿＿＿＿＿＿＿＿＿＿＿＿＿＿
＿＿＿＿＿＿＿＿＿＿＿＿＿＿＿＿＿＿＿＿＿＿＿＿＿＿＿＿＿＿＿＿＿

寶島美食傳授中心

憑此折價券至寶島美食傳授中心學習小吃

可享學費 **9** 折優惠
電話：(02)22057161-3
地址：台北縣新莊市泰豐街 8 號
無限期使用

中華小吃傳授中心

憑此折價券至中華小吃傳授中心學習小吃

可享學費 **9** 折優惠
電話：(02)25591623
地址：台北市長安西路 76 號 3 樓
無限期使用

大都會文化事業有限公司

憑此折價券向大都會文化一次購買度小月系列
《路邊攤賺大錢》之〔搶錢篇〕及〔奇蹟篇〕2本書

可享 **8** 折優惠(即528元，另含掛號費80元)
電話：(02)2723-5216—代表線
地址：台北市基隆路1段432號4樓之9(近世貿中心)

小吃補習班折價券

使用本折價券前請先電話預約

●本折價券限使用一次，每次限使用一張。
●本折價券不得和其他優惠券合併使用。
●本折價券為非賣品，不得折換現金，亦不可買賣。
●若有任何使用上的問題，歡迎與我們聯絡。

 大都會文化讀者專線 (02)27235216

小吃補習班折價券

使用本折價券前請先電話預約

●本折價券限使用一次，每次限使用一張。
●本折價券不得和其他優惠券合併使用。
●本折價券為非賣品，不得折換現金，亦不可買賣。
●若有任何使用上的問題，歡迎與我們聯絡。

 大都會文化讀者專線 (02)27235216

購書折價券

請將本折價券與現金一併放入現金袋內

●本折價券限使用一次，每次限使用一張。
●本折價券不得和其他優惠券合併使用。
●本折價券為非賣品，不得折換現金，亦不可買賣。
●若有任何使用上的問題，歡迎與我們聯絡。

 大都會文化讀者專線 (02)27235216

度小月系列

度小月系列